数 学
フリーの
物理化学

齋藤勝裕 —— 著

日刊工業新聞社

はじめに

　『数学フリーの化学』シリーズ第一弾の『数学フリーの物理化学』をお届けします。

　本シリーズはその標題のとおり『数学フリー』すなわち、数学を用いない、数学が出てこない化学の解説書です。化学は科学の一種です。科学の共通言語は数学です。科学では複雑な現象の解析、その結果の記述を数学、数式を用いて行います。化学も同様です。

　しかし、化学には化学独特の解析、表現手段があります。それが化学式です。化学式とそれを解説する文章があれば、数式を用いた解説と同等の内容を表現することができます。本書はこのような化学の特殊性を最大限に生かして、数学なしで化学の全てを解説しようとする画期的な本です。

　『物理化学』はわかりやすくいえば「理論化学」です。化学の基礎を作り、全ての化学現象を支え、支配している各種の法則、規則などを扱う領域です。書店で、本書以外で『物理化学』という表題のついた本を開いてみてください。きっと、数式一杯なのに驚かれるでしょう。数学の嫌いな方は、それ以上ページをめくるのが嫌になるでしょう。頭が痛くなるかもしれません。

　そこでもう一度、本書をめくってみてください。驚かれるでしょう。数式は何もありません。たまにあっても四則演算、＋－×÷だけです。小学校の算数です。全てのページは左ページが日本語の解説文、そして右ページはわかりやすい解説図、グラフ、表だけです。数学といえるようなものは何もありません。

　それでは本書は底の浅い、ウスッペラな中身だけのつまらない本なのか？といわれれば、それは著者が自信を持って否定します。本書の内容は他の『物理化学』の本に少しも劣るものではありません。いえ、少しの違いもありません。

　普通の本が数式と数学で解説し、「式を見ればわかる！」といっているところを、「式を見なくてもわかる」ように図とグラフと表と解説文で解説しているのです。解説文も、ちょっとお読みいただければわかるように、簡潔明瞭です。短い文章で歯切れよく解説してあります。「長くてクドクドして、何をいいたいのかわからない」ような文章は決してありません。

　本書を読むのに基礎知識は一切必要ありません。必要なことは全て本書の中に書いてあります。みなさんは本書に導かれるままに読み進んでください。ご自分で気

づかないうちにモノスゴイ知識が溜まってくるはずです。そしてきっと「物理化学は面白いものだ」と思われるのではないでしょうか？そして、そのように思っていただくことができたら、著者の望外な喜びです。

　最後に本書の作製に並々ならぬ努力を払って下さった日刊工業新聞社の鈴木徹氏、並びに参考にさせて頂いた書籍の出版社、著者に感謝申し上げます。

2016年7月　齋藤　勝裕

数学フリーの「物理化学」 目次

はじめに

第1章 物質の構造と状態 001

- **1-1** 原子の構造 002
- **1-2** 原子量とモル 004
- **1-3** 原子の種類 006
- **1-4** 化学結合 008
- **1-5** 分子構造と分子量 010
- **1-6** 物質の状態と変化 012
- **1-7** 状態図 014
- **1-8** 三重点と臨界点 016

第2章 気体と液体の性質 019

- **2-1** 気体分子の運動 020
- **2-2** 気体の比重 022
- **2-3** 気体の状態方程式 024
- **2-4** 液体の性質 026
- **2-5** 昇華とフリーズドライ 028
- **コラム** 水の沸点 028

第3章 溶液の性質 031

- **3-1** 溶解と溶媒和 032
- **3-2** 溶解度 034

iii

- **3-3** 溶液の蒸気圧　036
- **3-4** 凝固点降下と沸点上昇　038
- **3-5** 半透膜と浸透圧　040
- **3-6** 電解質溶液　042

第4章　結晶と三態以外の状態の性質　045

- **4-1** 結晶の構造と性質　046
- **4-2** 三態以外の状態　048
- **4-3** 非晶質固体　050
- **4-4** アモルファス状態　052
- **4-5** 液晶の性質　054
- **4-6** 液晶モニタ　056

第5章　熱とエネルギー　059

- **5-1** エネルギーとは？　060
- **5-2** 熱力学第一法則　062
- **5-3** 化学反応のエネルギー　064
- **5-4** 結合エネルギーと反応エネルギー　066
- **5-5** エネルギーとヘスの法則　068

第6章　反応の速度　071

- **6-1** 反応速度とは　072
- **6-2** 反応速度式　074
- **6-3** 逐次反応と律速段階　076
- **6-4** 可逆反応と平衡　078
- **6-5** 遷移状態と活性化エネルギー　080
- **6-6** 触媒反応　082

第7章　エントロピー　085

- **7-1** エネルギーとエンタルピー　086

- **7-2** 整然と乱雑　088
- **7-3** 熱力学第二法則　090
- **7-4** 熱力学第三法則　092
- **7-5** ギブズエネルギー　094
- **7-6** 反応とギブズエネルギー　096

第8章　酸・塩基　099

- **8-1** 酸・塩基とは　100
- **8-2** 酸性・塩基性　102
- **8-3** 水素イオン指数　104
- **8-4** 中和と塩　106
- **8-5** 酸・塩基と環境　108
- **8-6** 酸・塩基と生体　110

第9章　酸化・還元　113

- **9-1** 酸化・還元とは　114
- **9-2** 酸化数の決め方　116
- **9-3** 酸化数と酸化還元　118
- **9-4** 酸化・還元と電子授受　120
- **9-5** 酸化剤・還元剤　122
- **9-6** 身の周りの酸化・還元反応　124

第10章　電気化学　127

- **10-1** 化学反応と電気　128
- **10-2** 金属の溶解　130
- **10-3** イオン化傾向　132
- **10-4** ボルタ電池　134
- **10-5** 水素燃料電池と太陽電池　136
- **10-6** 電気分解と電気めっき　138

第1章
物質の構造と状態

物理は分子からできており、分子は原子からできています。また物質は温度、圧力が変化すると、固体、液体、気体などに変化します。この章では、これらについて見ていきます。

原子の構造

化学は物質の性質や挙動を明らかにする学問です。そして全ての物質は原子からできています。したがって物質を知るためには原子を知ることが大切になります。

1 原子と分子

　水を分けていくと小さな水滴になり、更に分けると霧の一粒のような微小な水滴になります。どこまでも分けていくと、最後にこれ以上分けることができないという微小な粒子になります。これを水の分子といいます。分子はその物質の性質を持った極小の粒子なのです。

　ところが、この分子も更に分けることができます。水の分子は1個の酸素原子と2個の水素原子という合計3個の粒子からできています。しかし、この水の分子を分解してできた2種類の粒子は、もはや水の性質は何も持っていません。このように、原子は分子を作る粒子ですが、分子の性質は持っていません（図1）。

2 原子を作るもの

　原子は雲でできた球のようなものです。雲のように見えるのは電子雲であり、電子という粒子からできています。電子雲の中心には原子核という小さいが密度の大きい粒子があります。

　原子核の直系は原子の直系の約1万分の1です。これは東京ドームを2個貼りあわせた巨大どら焼きを原子とすると、原子核はピッチャーマウンドに転がるビー玉の大きさになります（図2）。そのくせ、原子全体の質量の99.9%以上は原子核にあるのです。

3 電子と電子殻

　電子は原子核の周りに適当に集まっているわけではありません。電子にはキッチリとした居場所があります。これを電子殻といいます。

　電子殻は原子核の周りに球殻状になって存在します。各電子殻には名前が付いており、それは原子核から近い順にK殻、L殻、M殻…とKから始まるアルファベットになっています。

　各電子殻に入ることのできる電子の個数は定まっており、それはK殻（2個、$n=1$）、L殻（8個、$n=2$）、M殻（18個、$n=3$）と、nを整数とすると$2n^2$個となっています。このnを量子数といいます。

第1章 物質の構造と状態

図1　水の分子と原子

図2　電子雲と原子核

図3　電子殻と電子の個数

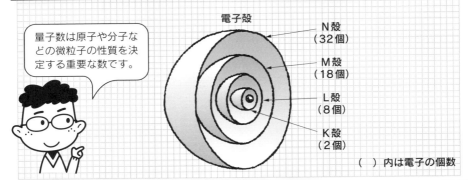

量子数は原子や分子などの微粒子の性質を決定する重要な数です。

N殻（32個）
M殻（18個）
L殻（8個）
K殻（2個）

（　）内は電子の個数

ポイント
- 分子は物質の性質を残した粒子であるが、原子には物質の性質はない。
- 原子は原子核とそれを取り巻く電子雲からできている。
- 電子は電子殻に入る。

1-2 原子量とモル

原子は物質です。物質は有限の体積と質量を持ったもののことをいいます。原子の相対的な重さを表す尺度に原子量があります。また、鉛筆の1ダースと同じように、原子の個数の単位としてモルがあります。

1 原子核を作るもの

原子核は2種類の粒子からできています。それは陽子（記号p）と中性子（記号n）です（図1）。両者の重さはほぼ同じであり、その相対的重さを質量数＝1として表します。前節で見た電子（記号e）は質量数＝0となります。

陽子と中性子の大きな違いは電荷です。陽子はプラスの電荷を持っており、その相対的な量を＋1として表します。それに対して中性子は電荷を持っていません。ところが電子は、質量はほとんど0なのに電荷だけは－1を持っています（表1）。そして原子は原子番号と同じ個数の電子を持っています。そのため、原子は全体として電気的に中性です。

原子核を作る陽子の個数を原子番号といい、記号Zで表します。また、陽子と中性子の個数の和を質量数といい、記号Aで表します。ZとAはそれぞれ元素記号の左下、左上に添え字として付けます（図2）。

2 同位体

原子番号が同じでありながら、質量数の異なる原子があります。このような原子を互いに同位体といいます。例えば、地球上の水素には^1H、^2H、^3Hの3種の同位体があります。しかし、各同位体の存在量は大きく異なり、水素の場合にはほとんどが^1Hとなっています（表2）。

3 原子量とモル

簡単にいうと、同位体の質量数の荷重平均を原子量といいます。原子量は各原子の総体的な重さを表す数値です。

原子1個の重さはあまりに小さいので、測定することは困難です。しかし、たくさん集まれば重くなります。そしてある個数だけ集まればその重さは質量数（にgを付けたもの）に等しくなります。このときの原子の個数をアボガドロ定数（6×10^{23}）といい、その集団を1モルといいます。

難しく考えることはありません。鉛筆（原子）12本（アボガドロ定数）を1ダース（1モル）というのと同じことです。

第1章 物質の構造と状態

図1 原子核

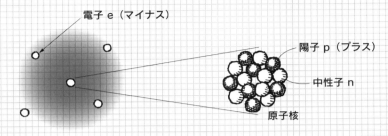

表1 陽子と中性子の電荷

	名 称	記 号	相対電荷	質量数
原子	電子	e	−1	0
原子核 陽子	p	+1	1
原子核 中性子	n	0	1

図2 元素記号

質量数(陽子数+中性子数) → A
原子番号(陽子数) → Z
$_Z^A W$ ← 元素記号
全体も元素記号という

元素記号がわかれば原子番号もわかるので、原子番号は省略されることが多いです。

表2 同位体

元素名	水 素			炭 素		酸 素		塩 素		臭 素		ウラン	
記 号	^1H (H)	^2H (D)	^3H (T)	^{12}C	^{13}C	^{16}O	^{18}O	^{35}Cl	^{37}Cl	^{79}Br	^{81}Br	^{235}U	^{238}U
陽子数	1	1	1	6	6	8	8	17	17	35	35	92	92
中性子数	0	1	2	6	7	8	10	18	20	44	46	143	146
存在度(%)	99.98	0.015	~0	98.89	1.11	99.76	0.20	75.53	24.47	50.52	49.48	0.72	99.28

- 陽子の個数を原子番号 Z、陽子と中性子の個数の和を質量数 A という。
- 陽子の個数と電子の個数は同じなので原子は電気的に中性である。
- アボガドロ数の原子集団を1モルという。その質量は原子量に等しい。

005

原子の種類

物質や分子の種類は無数といってよいほどたくさんあります。しかし元素の種類はわずか90種類ほどにすぎません。それを原子番号の順に並べ、適当に折り曲げた表を周期表といいます。

1 周期表

　同じ原子番号を持つ原子の集合を元素といいます。ですから、^1H、^2H、^3H などはすべて水素元素ということになります。

　地球上の自然界に存在する元素は、原子番号1の水素から92のウランまでです。ただしこの中には不安定で壊れてしまったものもあるので、実際に存在するのは90種ほどです。このほかに人間が作り出した人工元素もあるので、現在知られている元素は118種類です。

　これを原子番号の順に並べて整理した表を周期表といいます（図1）。周期表の上部には1〜18までの数字が並んでいます。これを族番号といいます。そして例えば1の下に縦に並ぶ原子群を1族元素などと呼びます。周期表の左には1〜7の数字が並んでいます。これを周期番号と呼びます。周期番号は電子の入っている電子殻のうちもっとも外側の電子殻の量子数に対応しています。

2 周期表とカレンダー

　周期表は元素のカレンダーと思えばわかりやすいでしょう。族は曜日と思って下さい。同じ曜日の日には同じようなスケジュールがあります。元素の場合にも同じであり、同じ族に属する元素は互いに似た性質を持ちます。これを同族元素といいます。同族元素には固有の名前が付いているものもあります。

3 元素の性質の周期性

　元素の物性の中には、周期表に従って変化するものがあります。このような性質を周期性といいます。

　周期番号は電子殻の量子数であり、量子数が大きくなるほど電子殻は大きくなります。したがって、原子の大きさは周期表の下部になるほど大きくなります。一方、周期番号の同じ原子は同じ大きさの電子殻を使います。しかし、原子番号が増えると陽子が増え、原子核の＋電荷が増加します。その結果、－電荷の電子を強く引き付けます。そのため、原子は周期表の右に行くほど小さくなります（図2）。

第1章　物質の構造と状態

図1　周期表

族周期	1	2	3	4	5	6	7	8	9	10	11	12	13	14	15	16	17	18
1	1H 水素 1.008																	2He ヘリウム 4.003
2	3Li リチウム 6.941	4Be ベリリウム 9.012											5B ホウ素 10.81	6C 炭素 12.01	7N 窒素 14.01	8O 酸素 16.00	9F フッ素 19.00	10Ne ネオン 20.18
3	11Na ナトリウム 22.99	12Mg マグネシウム 24.31											13Al アルミニウム 26.98	14Si ケイ素 28.09	15P リン 30.97	16S 硫黄 32.07	17Cl 塩素 35.45	18Ar アルゴン 39.95
4	19K カリウム 39.10	20Ca カルシウム 40.08	21Sc スカンジウム 44.96	22Ti チタン 47.87	23V バナジウム 50.94	24Cr クロム 52.00	25Mn マンガン 54.94	26Fe 鉄 55.85	27Co コバルト 58.93	28Ni ニッケル 58.69	29Cu 銅 63.55	30Zn 亜鉛 65.38	31Ga ガリウム 69.72	32Ge ゲルマニウム 72.63	33As ヒ素 74.92	34Se セレン 78.96	35Br 臭素 79.90	36Kr クリプトン 83.80
5	37Rb ルビジウム 85.47	38Sr ストロンチウム 87.62	39Y イットリウム 88.91	40Zr ジルコニウム 91.22	41Nb ニオブ 92.91	42Mo モリブデン 95.96	43Tc テクネチウム (99)	44Ru ルテニウム 101.1	45Rh ロジウム 102.9	46Pd パラジウム 106.4	47Ag 銀 107.9	48Cd カドミウム 112.4	49In インジウム 114.8	50Sn スズ 118.7	51Sb アンチモン 121.8	52Te テルル 127.6	53I ヨウ素 126.9	54Xe キセノン 131.3
6	55Cs セシウム 132.9	56Ba バリウム 137.3	ランタノイド 57〜71	72Hf ハフニウム 178.5	73Ta タンタル 180.9	74W タングステン 183.8	75Re レニウム 186.2	76Os オスミウム 190.2	77Ir イリジウム 192.2	78Pt 白金 195.1	79Au 金 197.0	80Hg 水銀 200.6	81Tl タリウム 204.4	82Pb 鉛 207.2	83Bi ビスマス 209.0	84Po ポロニウム (210)	85At アスタチン (210)	86Rn ラドン (222)
7	87Fr フランシウム (223)	88Ra ラジウム (226)	アクチノイド 89〜103	104Rf ラザホージウム (267)	105Db ドブニウム (268)	106Sg シーボーギウム (271)	107Bh ボーリウム (272)	108Hs ハッシウム (277)	109Mt マイトネリウム (276)	110Ds ダームスタチウム (281)	111Rg レントゲニウム (280)	112Cn コペルニシウム (285)	113Uut ウンウントリウム (284)	114Fl フレロビウム (289)	115Uup ウンウンペンチウム (288)	116Lv リバモリウム (293)	117Uus ウンウンセプチウム (210)	118Uuo ウンウンオクチウム (222)
電荷	+1	+2		複雑							+2	+3		-3	-2	-1		
名称	アルカリ金属	アルカリ土類金属											ホウ素族	炭素族	窒素族	酸素族	ハロゲン	希ガス元素
	典型元素		遷移元素										典型元素					

	57La ランタン 138.9	58Ce セリウム 140.1	59Pr プラセオジム 140.9	60Nd ネオジム 144.2	61Pm プロメチウム (145)	62Sm サマリウム 150.4	63Eu ユウロピウム 152.0	64Gd ガドリニウム 157.3	65Tb テルビウム 158.9	66Dy ジスプロシウム 162.5	67Ho ホルミウム 164.9	68Er エルビウム 167.3	69Tm ツリウム 168.9	70Yb イッテルビウム 173.1	71Lu ルテチウム 175.0
ランタノイド															
アクチノイド	89Ac アクチニウム (227)	90Th トリウム 232.0	91Pa プロトアクチニウム 231.0	92U ウラン 238.0	93Np ネプツニウム (237)	94Pu プルトニウム (239)	95Am アメリシウム (243)	96Cm キュリウム (247)	97Bk バークリウム (247)	98Cf カリホルニウム (252)	99Es アインスタイニウム (252)	100Fm フェルミウム (257)	101Md メンデレビウム (258)	102No ノーベリウム (259)	103Lr ローレンシウム (262)

図2　周期表と原子の大きさ（イメージ）

H 79							He 49
Li 205	Be 140	B 117	C 91	N 75	O 65	F 55	Ne 51
Na 223	Mg 172	Al 182	Si 146	P 123	S 109	Cl 98	Ar 88
K 278	Ca 223	Ga 181	Ge 152	As 133	Se 122	Br 118	Kr 103
Rb 298	Sr 245	In 200	Sn 172	Sb 154	Tl 142	I 132	Xe 124

原子は周期表の下にいくほど大きく、右にいくほど小さくなります。

（大きさはpm＝10^{-12}m）

ポイント
- 元素を原子番号の順に並べて整理した表を周期表という。
- 同じ族に属する元素は互いに似た性質を持つ。
- 周期表の下部、左方の原子ほど原子直径は大きくなる。

1-4 化学結合

原子は集まって分子を作ります。分子を作るために原子を繋ぐ力を結合といいます。結合にはイオン結合、金属結合、共有結合などがあります。

1 分子、化合物、単体、同素体

水素 H_2、酸素 O_2、水 H_2O、二酸化炭素 CO_2、オゾン O_3 など、複数個の原子が結合してできた構造体を分子といいます。このうち、H_2O や CO_2 などのように複数種類の原子からできたものを特に化合物ということがあります。

一方、H_2 や O_2 のように、同じ種類の元素でできた分子を単体といい、O_2 と O_3 のように同じ元素でできた単体同志を互いに同素体といいます。鉛筆の芯に使われる黒鉛（グラファイト）とダイヤモンドは共に炭素でできた単体であり、互いに同素体になります（図1）。

2 イオン結合

原子 A が電子を放出すると陽イオン A^+ になります。反対に電子を受け入れると陰イオン A^- になります。陽イオンと陰イオンの間には静電引力が働きます。このようにしてできた結合をイオン結合といいます（図2）。ナトリウム陽イオン Na^+ と塩化物イオン Cl^- でできた塩化ナトリウム（食塩）NaCl はイオン結合でできた代表的な分子です。

3 金属結合

金属原子は、複数個の電子を自由電子として放出して金属イオンになります。この金属イオンの集合の周りを自由電子が埋めると、−電荷の電子雲が糊のように働いて＋電荷の金属イオンを集合させます。このような結合を金属結合といいます（図3）。

4 共有結合

2個の原子が互いに1個ずつの電子を出しあい、それを共有することによってできた結合を共有結合といいます。この共有された電子を結合電子といいます（図4）。つまり、共有結合は結合電子を糊とした結合と見ることができます。

共有結合は有機化合物を作る結合であり、化学では非常に重要な結合です。水素分子や酸素分子を作る結合も共有結合です。

第1章 物質の構造と状態

図1 分子の構造

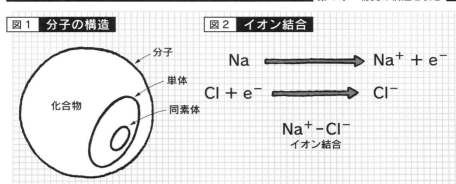

図2 イオン結合

図3 金属結合

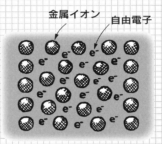

図4 共有結合

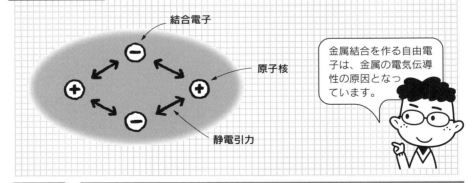

金属結合を作る自由電子は、金属の電気伝導性の原因となっています。

ポイント
- ●分子には化合物、単体、同素体等の区別がある。
- ●イオン結合は＋電荷と－電荷の間の静電引力に基づく結合である。
- ●共有結合は互いに結合電子を共有することに基づく結合である。

009

1-5 分子構造と分子量

複数種類、複数個の原子からできた分子では、分子の並び順によっていろいろの形、構造ができます。また、何個の原子からできているかによって、重い分子と軽い分子ができてきます。

1 分子式

　分子を作っている原子の種類と個数を表した式（記号）を分子式といいます。水素の分子式は H_2 ですが、これは2個の水素原子Hからできていることを示します。水の分子式は H_2O ですが、これは2個の水素原子と1個の酸素原子からできていることを示します。

2 分子量

　分子を作っている全ての原子の原子量の総和を分子量といいます。

H_2 の分子量：$1 \times 2 = 2$

H_2O の分子量：$1 \times 2 + 16 = 18$

　原子の場合（1-2節）と同じようにアボガドロ定数個の分子の集団を1モルといいます。したがって1モルの分子の重さは分子量（にgをつけたもの）に等しいことになります。

　すなわち水素分子1モルは2g、水1モルは18gです。つまり、18g（18mL）の水の中には水の分子が 6×10^{23} 個、すなわち6000垓（がい）個も存在するのです。また、水の重さの2/18、すなわち約1割は水素の重さです。水素は軽いというイメージがありますが、1Lの水なら約100gは水素の重さなのです。

3 構造式

　分子式を見ただけでは、分子を作る原子がどのような順序で並んでいるのかわかりません。水の分子式は H_2O ですが、3個の原子が H–H–O と並んでいるのか、H–O–H と並んでいるのか、わかりません。この疑問を明らかにするためには実際の並び順を示す式、H–O–H が必要になります。これを構造式といいます。

　水分子の実際の構造は3個の原子が一直線に並んだものではなく、"く"の字形に曲がっています。この曲がった角度104度を結合角度といいます。また。H–O 間の距離（原子核と原子核の距離）0.96nm を結合距離といいます。

第1章　物質の構造と状態

図1　水分子の構造

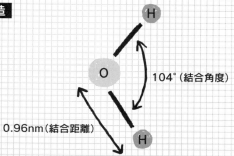

構造式は分子を作る原子の結合順序を表します。

コラム　アボガドロ定数

　アボガドロ定数はあまりに大きい数なので、イメージ実感がわきません。そこで、このような仮想実験をやってみましょう。コップ一杯の水は約180g、すなわち10モルです。したがって、この中には 6×10^{24} 個の水分子があります。この分子を全て赤く変色させたとしましょう。

　このコップを東京湾に持っていき、湾に注いだとします。赤い水は普通の水に混じり、湾に広がり、太平洋に広がり、蒸発して雲になって大陸に雨となって降り、やがて地球全体に万遍なく広がります。何万年か何億年かが経ち、赤い水が地球上の全ての水と均一に混じったときに、改めて東京湾に行き、コップ一杯の水を掬ったとしましょう。

　さて、このコップに赤い水分子は入っているでしょうか？というのが問題です。

　入っているのです。それも数百個も。アボガドロ定数の大きさが実感できたのではないでしょうか？

- ●分子を構成する原子の種類と個数を示した式を分子式という。
- ●分子を構成する全ての原子の原子量の総和を分子量という。
- ●分子を構成する原子の並び順を示した式を構造式という。

1-6 物質の状態と変化

水は低温では固体、室温では液体、高温では気体です。固体、液体、気体などを物質の状態といいます。同じ物質でも温度や圧力が変化すると状態は変化します。

1 物質の三態

全ての物質は温度や圧力が変化すると状態を変化します。

固体（結晶）では分子は三次元に渡って整然と積み重なり、分子の方向も一定方向を向いています。分子は振動や回転をすることはあっても、位置を移動することはありません。結晶状態における分子の振動や回転は温度の上昇とともに激しくなります。

しかし液体になるとこのような整然性はなくなり、分子は自由に移動します。気体では分子は激しく飛行し、その速度は秒速何百キロメートルにもなります。このような気体分子が物質に衝突する力が圧力として観察されるのです。

固体（結晶）、液体、気体状態は物質の基本的な状態なので、特に物質の三態といいます（図1）。物質の状態には三態以外にも後に見るような液晶状態、アモルファス状態などがあります。

2 状態の変化

物質は温度や圧力が変化すると状態を変化します。それぞれの変化には固有の名前が付けられており、また、その温度にも固有の名前があります。

固体は加熱されて融点になると融解して液体になり、液体は冷却されて融点になると凝固して固体になります。同様に液体は加熱されて沸点になると蒸発して気体に変化し、気体は冷却されて沸点になると凝縮して液体になります（図2）。しかし、特定の条件下では、液体は融点以下の温度でも液体のままでいることがあります。これを過冷却状態といいます。この状態の液体にショックを与えると一挙に結晶が析出します。

固体は条件が許せば、加熱されると融解して液体になるのでなく、直接気体に変化します。これを昇華といいます。二酸化炭素の結晶であるドライアイスが、室温で気体の二酸化炭素になるのはこの変化です。箪笥に入れる固体の防虫剤も昇華して気体になります。

第1章 物質の構造と状態

図1 物質の三態

固体（結晶）　　液体　　気体

図2 物質の状態変化

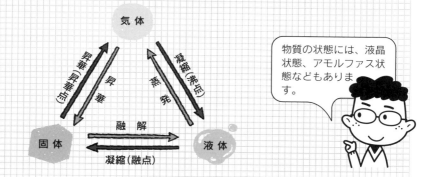

物質の状態には、液晶状態、アモルファス状態などもあります。

図3 昇華

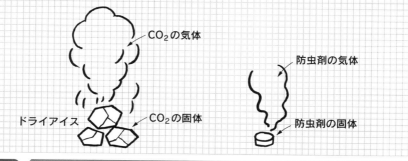

- 物質の状態のうち、結晶、液体、気体を物質の三態という。
- 結晶は分子が位置と方向の規則性を保って静止している状態である。
- 液体では分子は移動しており、気体では激しく飛行している。

013

1-7 状態図

物質がある温度 T、ある圧力 P の下でどのような状態をとるかを表した図を状態図といいます。状態図は物質固有のものであり、理論では明らかにできません。実験によって求める以外ありません。

❶ 水の状態図

図1は水の状態図です。3本の線分、ab、ac、ad で3個の領域Ⅰ、Ⅱ、Ⅲに分けられています。温度 T、圧力 P を表す点 (P, T) が領域Ⅰの中にある場合には水は固体（氷）であり、Ⅱにある場合には液体であることを示します。

また点 (P, T) が線分上にある場合には、その線分を挟む両方の状態が共存します。つまり線分 ab 上にある場合には液体と気体の共存する状態、すなわち沸騰状態であることを意味します。1気圧の横線と線分 ab の交点の温度は100℃になっています。これは1気圧の沸点が100℃であることを示しています。

❷ 水の状態と温度の影響

高山で焚いたご飯はおいしくないといいます。それは沸点の影響です。高山では気圧が低くなります。水の状態図から、1気圧以下の沸点を調べると100℃以下になっています。これは高山ではお湯の温度は100℃以上にはならないということを意味します。

いくら火力を強くしても、そのエネルギーは水の気化熱に使われるだけで、お湯の温度は上昇しないのです。3000mの高山では水は92℃くらいで沸騰してしまいます。この温度ではコメは生煮えです。これが高山で焚いたご飯がまずい理由です（図2）。

❸ 水の状態と圧力の影響

状態図は、圧力が高くなると水の融点は低くなることを示しています。スケートリンクにスケート靴を履いて立つと、エッジの下の氷には大きな圧力が掛かります。この結果、水（氷）の融点は下がります。つまり、0℃では凍らなくなるのです。

これは0℃の氷は融けて水になることを意味します。このため、エッジと氷の間に水の膜ができ、これがエッジと氷の間の摩擦を減らして、スケーターが滑る役に立っていると考えることができます。

第1章 物質の構造と状態

図1 水の状態図

図2 高山では気圧が低いから沸点も低い

3,000mでは92℃くらいで沸騰

生煮えご飯

圧力ナベの内部は水蒸気のため高圧になります。そのためナベの内部は100℃以上の高温になります。

図3 エッジの下に圧力で水の膜ができる

圧力で水の融点が下がり水の膜ができる

ポイント

● 状態図は物質がある温度、圧力の下でとる状態を示す図である。
● 圧力が低くなると水の沸点も低くなる。
● 圧力が高くなると水の融点は低くなる。

015

1-8 三重点と臨界点

温度と圧力を変化させると、水は異常な状態を示します。つまり氷水が沸騰したり、液体の性質と気体の性質を併せ持つ状態になるのです。このように特殊な状態の水は最近の研究の的になっています。

1 三重点

前節で見た水の状態図に点a（三重点）があります。もし、水の温度T、圧力Pを表す点(P, T)がこの点aに重なったらどうなるのでしょう？状態図によれば、この点では結晶、液体、気体の三状態（図1）が接しています。

つまりこの条件、すなわち0.06気圧、0.01℃では、氷、液体の水、水蒸気の三状態が共存するのです。これは氷水が沸騰することを意味します。しかし、このような非日常的な状態が実現するためには0.06気圧という真空に近い条件がなければなりません。

2 臨界点

前節図1の線分acを延長すると絶対0度〔0K（ケルビン）、−273℃〕の縦線にぶつかります。温度は、0K以下はありませんから、線分acはここで終わりになります。線分adも同様です。ところが、線分abはどこまでも伸びていきそうです。しかし、線分abは点b（218気圧、374℃）で終わりなのです。

点bを臨界点といいます。そして温度、圧力が臨界点を超えた状態を超臨界状態、その状態の水を超臨界水といいます（図2）。超臨界状態では液体状態と気体状態を分ける線分が存在しません。これは水は沸騰することなく水蒸気になり、水蒸気は凝縮することなく水になることを意味します。つまり、水と水蒸気の区別がなくなるのです。

超臨界水は水の0.03〜0.4倍という水蒸気に比べて非常に高い密度と気体としての激しい分子運動の両方を持っています。そのため、超臨界水は普通の水とは異なった性質を持ちます。それは有機物をも溶かすという強い溶解性や強い酸化能力として表れます。

この性質は公害物質であるPCBの分解や、有機反応の溶媒として用いられています。二酸化炭素はより緩やかな条件（7.4気圧、31℃）で超臨界状態になります。これらを用いると有機溶媒による公害の除去などが期待されるため、現在、精力的な研究が行われています。

第1章 物質の構造と状態

図1 水の三状態

図2 超臨界水

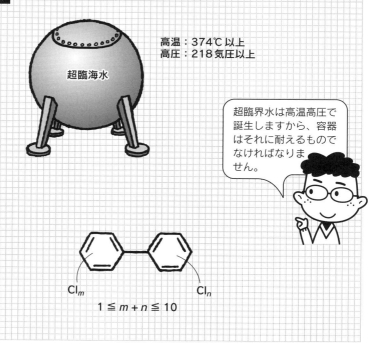

高温：374℃以上
高圧：218気圧以上

超臨界水は高温高圧で誕生しますから、容器はそれに耐えるものでなければなりません。

$1 \leq m + n \leq 10$

ポイント
- 三重点では氷と水、水蒸気の三状態が共存する。
- 超臨界状態では沸騰が起こらず、物質は液体と気体の中間状態となる。
- 超臨界水は有機物を溶かし、高い酸化力を表す。

017

第2章
気体と液体の性質

固体（結晶）、液体、気体などを物質の状態といいます。氷、水、水蒸気が違うように、同じ物資でも状態が異なるとその性質も大きく異なってきます。

2-1 気体分子の運動

物質の状態である固体、液体、気体を比べた場合、液体と気体の特徴は分子の配列に規則性がなく、分子が自由に動いていることです。特に気体では分子は高速で飛び回っています。

1 気体分子の飛行速度

　気体分子は飛行機並みの速度で飛行しています。重い分子は動きにくいので、分子量が大きくなれば飛行速度は遅くなります。また、温度が高くなれば分子の持つ運動エネルギーも大きくなるので、速度は速くなります。

　分子量と温度の影響が量的にどれくらい影響するのかというと、分子の飛行速度は絶対温度 T のルート（$\sqrt{T}$）に比例し、分子量 M のルート（$\sqrt{M}$）に反比例することが知られています（図1）。

　水素分子の分子量は2であり、酸素分子は16ですから、水素分子は酸素分子の $\sqrt{8}=2.8$ 倍速く飛行することになります。また温度が0℃（絶対温度273度）から100℃（絶対温度373度）に上がると、速度は1.17倍になります。

　ちなみに水素分子の飛行速度は室温25℃で時速6930kmです。

2 気体の体積

　気体を風船に入れてみましょう。気体分子は風船の壁（ゴム膜）に衝突します。これが圧力です。そして衝突することによって風船を中から膨らませます。しかし、風船の外側にも気体（空気）があり、これが風船を外側から押さえます（気圧）。

　気体の体積というのは、この中から膨らませる力と外から抑える力が釣り合ったときの風船の体積のことをいいます（図2）。

　つまり、気体の体積といわれるもののうち、「気体分子の体積」は無視できるほど小さいのです。気体体積といわれるもののほとんどは真空の体積です。これは液体や固体の体積とは大きく違います。

　このことは、気体の体積には分子の種類はほとんど関係しない、ということができることを意味します。この結果、0℃、1気圧（標準状態）での1モルの気体の体積は、気体の種類に関係なく22.4Lであるという結論が出てくるのです。

第 2 章　気体と液体の性質

図1　気体分子の飛行速度

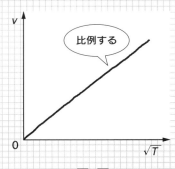
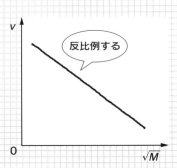

$v = k\sqrt{T}/\sqrt{M}$ （気体分子の飛行速度 ＝ k√絶対温度 /√分子量）

> 上式の k はただの比例定数です。22.4L（リットル）は実測値です。

図2　気体の体積

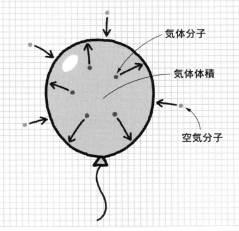

- 気体分子の飛行速度は分子量のルートに反比例し、絶対温度のルートに比例する。
- 気体の体積は種類に関係なく 0 ℃、1 気圧で22.4L である。

021

2-2 気体の比重

気体の性質を考える場合に注意すべきことは、気体は軽いという幻想です。確かに気体は軽いかもしれませんが、多くの気体は空気に比べれば重いのです。すなわち、空気より下に集まるのです。

1 空気の分子量

前節で見たように、1モルの気体の体積はその種類に関係なく、0℃、1気圧で22.4Lでした。しかし、1モルの気体の質量は分子量（にgを付けたもの）であり、それぞれ異なります。すなわち、気体にも軽い気体と重い気体があるのです。

空気の分子量は幾つになるのでしょう？ 空気は窒素 N_2（分子量28）と酸素 O_2（分子量32）の4：1混合物ですから、理論的には分子量は定義できません。しかし、混合気体としての平均値は計算できます。つまり、空気の平均値分子量は（4×28＋32）/5＝28.8となります。

2 気体の比重

水の比重は1であり、比重が1より重い物体は水に沈み、比重が1より小さい物体は水に浮きます。気体の場合も同じです。

空気の比重を1とすると、空気より比重が大きい、すなわち空気より分子量の大きい気体は空気中を下降し、分子量の小さい気体は空気中を上昇します。

水素は分子量が2ですから、空気を入れた風船は空気中を上昇します。ヘリウム He は原子ですが気体であり、原子量は4なので水素と同じように上昇します。しかも、水素は可燃性で爆発の恐れがありますが、ヘリウムは酸素と反応しません。そのため、人の乗る飛行船にはヘリウムが詰められています。

3 空気より重い気体

気体は軽いと思いがちですが、実は気体は意外と重いのです。空気より軽い気体は水素、ヘリウムの他には一般的には家庭の都市ガスの主成分であるメタン CH_4（分子量16）、窒素（28）、猛毒の一酸化炭素 CO（28）くらいのものです。二酸化炭素 CO_2（44）、プロパンガス $CH_3CH_2CH_3$（44）などは空気より重いのです（表1）。

危険な気体は上方に飛散してなくなると考えるのは誤解なのです（図1）。

第2章　気体と液体の性質

表1　空気より軽い気体と重い気体

空気より軽い			空気より重い		
名前	分子式	分子量	名前	分子式	分子量
水素	H_2	2	酸素	O_2	32
ヘリウム	He	4	二酸化炭素	CO_2	44
メタン	CH_4	16	プロパン	C_3H_8	44
水蒸気	H_2O	18	ブタン	C_4H_{10}	58
青酸	HCN	27	ペンタン	C_5H_{12}	72
一酸化炭素	CO	28	オゾン	O_3	48
エチレン	C_2H_4	28	ベンゼン	C_6H_6	78

図1　空気より軽いと上昇し、重いと下降する

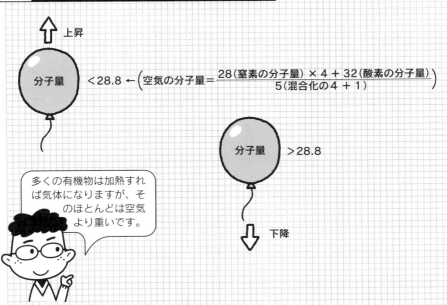

多くの有機物は加熱すれば気体になりますが、そのほとんどは空気より重いです。

ポイント
- 空気の仮想的分子量、すなわち平均分子量は28.8である。
- 分子量が28.8より小さい気体は空気中を上昇し、28.8より大きい気体は下降する。多くの気体は28.8より大きい。

2-3 気体の状態方程式

気体の体積は温度、圧力によって変化します。気体体積に及ぼす温度，圧力の影響を表した式を気体の状態方程式といいます。化学で最もよく知られた関係式といってよいでしょう。

1 気体と温度、圧力

第1節で見たように、気体の体積は気体分子が衝突によって膨らました風船の体積であり、分子の運動速度は絶対温度のルートに比例します。また、気体体積のほとんど全ては真空の体積です。

そうしてみれば、気体体積 v が絶対温度 T と圧力 P に影響されると考えるのは自然です。実際に気体の体積は絶対温度に比例し（$v=kT$）、圧力に反比例します（$v=k/P$）。それを図1に示しました。

この二つの関係を一緒にしたのが図の式1です。ここで n は気体のモル数であり、R は気体定数といわれる定数ですが、ただの定数ですから、その数値を気にすることはありません。

2 理想気体

式1を変形すると式2（図2のグラフ上）になります。つまり、式1が正しければ式2の値は圧力 P に関係なく常に1のはずなのです。式2の関係をいくつかの気体の実測値と比較したのが図2です。このグラフを見ればわかるとおり、実測値は理論値と大きくずれています。

これは、状態方程式である式1が間違っていることを示すものです。なぜ、状態方程式は間違っていたのでしょうか？それは、状態方程式を導出するときに前提として考えた気体の性質が間違えていたからなのです。このときに考えた気体の性質は

①気体分子は体積を持たない
②気体分子は他の分子や容器壁と引力も斥力も持たない

というものでしたが、これが間違いのもとでした。気体分子はきちんと体積を持っていますし、他の分子や器壁とも分子間力にもとづく引力を持っているのです。

しかし、このような仮想的な気体分子を考えることは、理論形成の出発段階として重要なことです。そのため、この分子を理想気体分子と呼び、式1を理想気体の状態方程式と呼びます。

第 2 章　気体と液体の性質

図1　気体の体積とその状態方程式

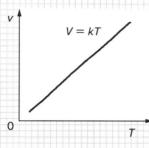
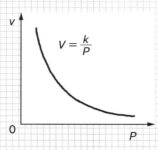

$$PV = nRT \cdots\cdots(1)$$

図2　気体の実測値と理論値の違い

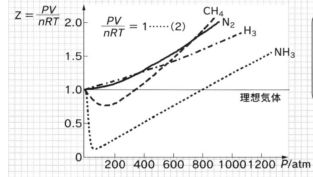

$Z = \dfrac{PV}{nRT}$

$\dfrac{PV}{nRT} = 1 \cdots\cdots(2)$

あれ、間違っている?! これは式(1)を導出するときに考えた気体が、実際の気体ではなく、理想気体だったからです。

図3　実際の気体分子は体積も形もある

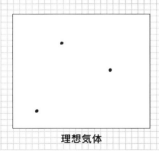
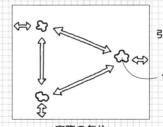

引力, 斥力

体積と形を持つ

理想気体　　　　実際の気体

- 気体の体積は絶対温度に比例し、圧力に反比例する。この関係を表した式（図1の式1）を気体の状態方程式という。
- しかし式1が成立するのは理想気体という仮想的な気体だけである。

025

液体の性質

物質は低温では固体の結晶であり、高温では気体になります。つまり液体は結晶状態と気体状態の中間状態なのです。その結果、液体分子の分子間距離は固体と同じであり、気体と同じように自由移動します。

1 液体分子の運動

　水（液体）の密度は氷（結晶）の密度とほぼ同じです。ということは、水分子間の距離は結晶でも液体でもほぼ同じということを示しています。しかし、液体の水と結晶の水（氷）の間の決定的な違いは、流動性の有無です。すなわち、結晶では分子は移動できないのに対して、液体状態では分子は自由に移動できるのです。

　液体状態の分子は、他の分子と密接に接し、その結果密接に影響し合っています。その一つが分子間力です。液体状態の分子は互いに分子間力によって引き合い、いわば牽制し合っています。

2 液体表面の様子

　しかし、勇気のある？分子は他の分子からのシガラミを吹き払って空気中にトラバーユします。これが蒸発です。しかし、うまくいかなくて古巣に戻ってくる分子もあります。このようなイロイロな事情の分子によって、液体表面は出る分子、戻る分子でごった返します（図1）。

　しかし、出る分子と戻る分子の個数が等しければ、液体全体（の個数統計？）としては何も起こらなかったのと同じことになります。このような状態を一般に平衡状態といいます。変化は起こっているのですが、目に見える変化のない状態のことです。平衡という概念は化学では非常に重要なものです。またいつか出てくるでしょう。

3 蒸気圧

　空気中に飛び出した分子は気体としての圧力を示します。これを蒸気圧といいます。温度が高くなると液体分子の運動は激しくなり、液体から飛び出す分子の個数は増え、しかもその分子のエネルギーは高くなります。この結果、液体の蒸気圧は温度とともに高くなります。その様子を図2に示しました。

　この蒸気圧が大気圧（1気圧）と等しくなる温度が沸点なのです。

第2章 気体と液体の性質

図1 液体表面での分子の様子（平衡状態）

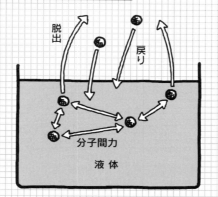

脱出する分子の個数と戻る分子の個数の等しい状態が均衡状態です。

図2 蒸気圧と温度の関係

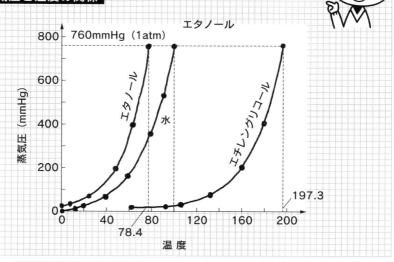

- ●液体分子は自由に移動できるが、互いに分子間力で引き合っている。
- ●表面から飛び出す分子と戻る分子が釣り合った状態を平衡という。
- ●液体から気化した分子の示す圧力を蒸気圧という。

027

2-5 昇華とフリーズドライ

一般に気体は液体を加熱することによって達成される状態ですが、圧力（気圧）が低い場合には、結晶を加熱することによって液体状態を経由せずに直接気体状態になります。この現象を昇華といいます。

1 昇華

氷を加熱すると融点（0℃）で融解して液体の水となり、さらに加熱して沸点（100℃）となって初めて気体の水蒸気となります。

しかし、1-7節で見た水の状態図をもう一度見てください。線分 ad は結晶と気体を分けています。すなわち、氷と水蒸気は線分 ad に接しているのです。つまり、氷は線分 ad を超えれば一挙に水蒸気になることができます。この現象を昇華といいます。ドライアイスや固体防虫剤と同じように氷も昇華できるのです。

2 フリーズドライ

これを利用したのが、インスタント食品に利用されるフリーズドライです。線分 ad を見てください。この線分が存在するのは温度0.01℃、圧力0.06気圧以下です。つまり、水の昇華は一般に真空状態といわれる低圧状態でなければ起こりません。しかし、逆にいえば気圧を0.06気圧以下にさえすれば、水分を氷の状態のまま気化させて除くことができるのです。

一般に物質中の水分を除くためには、水の沸点の100℃まで加熱しなければなりません。しかしこれでは食品は加熱のために味を損なってしまいます。しかし、昇華を利用すれば低温（ほぼ0℃以下）のまま水分を除くことができるのです。これがフリーズドライといわれる手法です。

> ### コラム　水の沸点
>
> 図2は炭素と水素でできた分子（炭化水素）の沸点と分子量の関係を表したものです。両者の間に良い相関関係があることがわかります。この図に水（分子量18、沸点100℃）を入れるとまったくかけ離れた位置になります。この不都合は、水の分子量を100と仮定すると解消します。すなわち、水分子は水素結合によって5分子程度が結合してグループとして運動しているのです。一般にこのようなグループを会合体といいます。

第2章　気体と液体の性質

図1　昇華を利用したフリーズドライ食品

フリーズドライ食品はインスタントコーヒーやラーメンだけでなく宇宙食などとしても活躍しています。

図2　会合体としての水分子の働き

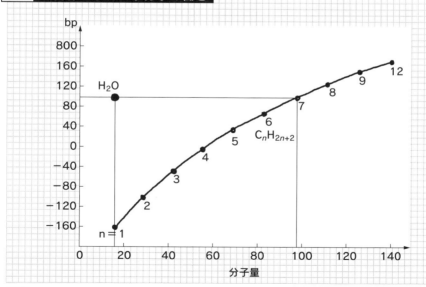

- 固体を真空状態で加熱すると、液体状態を経由せずに気体になる。
- フリーズドライはこの現象を利用したものである。
- 水分子は5分子程度が集まったグループ（会合体）として動いている。

第3章
溶液の性質

自然界の物質の多くは液体、すなわち溶液です。生体のほとんど全ての部分は溶液です。また、合成反応をはじめ、化学反応の多くは溶液状態で進行します。溶液とはどのような状態なのでしょうか？

3-1 溶解と溶媒和

溶液とは複数の成分を持った液体、すなわち液体の混合物です。私たちが日常生活で接する液体はほとんど全てが溶液です。化学反応も多くは溶液状態で進行します。溶液とはどのような性質を持っているのでしょうか。

1 溶媒と溶質

溶液は液体が他の物質を溶かしたものです。溶かす液体を溶媒、溶かされるものを溶質といいます。砂糖水なら砂糖が溶質であり、水が溶媒です。

溶質は砂糖（ショ糖）や食塩（塩化ナトリウム）のような結晶だけではありません。酒類は液体のエタノールが溶質であり、水道水には気体の空気が溶質として溶けています。

2 溶媒和

一般には「小麦粉を水に溶かす」といいますが、化学的に見た場合、小麦粉が水に溶けることはありません。化学的に溶けるということは

①溶質が一分子ずつバラバラになる
②溶質分子が溶媒分子によって取り囲まれる

ことが条件になります。

小麦粉はものすごくたくさんのデンプンやタンパク質分子の集合体であり、一分子ずつバラバラになることは普通の条件ではありえません。だから、小麦粉は水に混じるだけで、溶けることはないのです。

溶質分子が溶媒に囲まれることを溶媒和といいます。溶媒が水の場合には特に水和ということもあります（図1）。

3 溶ける物・溶けない物

砂糖は水に溶けますがバターは水に溶けません。なぜでしょうか？

一般に「似た物は似た物を溶かす」といわれます。溶媒と溶質の性質や構造が似ていれば互いに溶け合うが、そうでない場合は溶けないというのです。

水の分子構造は H–OH であり、原子団 OH を持っています。砂糖分子も8個もの OH を持っています。そのため、水に溶けます。しかし、バターにはそのような原子団はありません。金は水には溶けませんが、液体の金属である水銀には溶けてアマルガムという合金になります（図2）。

032

第 3 章　溶液の性質

図1　溶媒和のしくみ

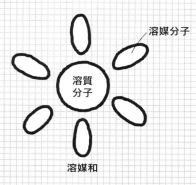

図1　溶媒と溶質の関係

種　類		溶　質		
		イオン性 CaCl$_2$ 塩化カルシウム	分子 ナフタレン	金属 Au 金
溶媒	イオン性 H$_2$O 水	○	×	×
	非イオン性 C$_6$H$_{14}$ ヘキサン	×	○	×
	金属 Hg 水銀	×	×	○

○：溶ける　×：溶けない

塩化カルシウムは Ca^{2+} と Cl$^-$ からできたイオン性化合物です。一方、ナフタレンは C と H だけからできた化合物であり、非イオン性です。

- 溶かすものを溶媒、溶かされるものを溶質という。
- 溶質分子は溶媒分子に囲まれて溶媒和している。
- 分子構造や性質が似た物は互いに溶け合う。

033

3-2 溶解度

前節で見たように、溶質が溶けるかどうかは溶媒との相性によります。溶質がある溶媒にどの程度溶けるのかの尺度を溶解度といいます。食塩の水に対する溶解度は大きいですが、油に対する値は小さくなります。

1 いろいろの濃度

溶質が溶媒のどの程度溶けているかを表した尺度を濃度といいます。一般的なのは質量％濃度です。これは溶液1kg中に何gの溶質が溶けているかを表すものです。しかし化学で一般的なのはモル濃度です。これは溶液1kg中に何モルの溶質が溶けているかを表すものです。お酒の濃度は"何度"ですが、これは体積％であり、溶液1L中に何Lの溶質が溶けているかを表したものです。

このように、濃度の表現はいろいろあり、面倒なことをいいだしたらキリがありませんが、要は、濃度の高い酒はホドホドに、という常識に落ち着くということです。

2 結晶の溶解度

砂糖はお湯によく溶けますが、水にはそれほど溶けません。図1は結晶性の物質が、ある温度において100gの水に何g溶けるかを表したものであり、溶解度の温度依存性を表すものです。

硝酸カリウム（KNO_3）の溶解度は温度の上昇と共に劇的に増加します。しかし塩化ナトリウム（NaCl）の溶解度は温度が上昇してもほとんど変化しません。このように、溶解度の温度依存性は物質によって異なります。私たちは、固体を溶かすには温度を高くすればよいと思いがちですが、そうでもないということです。

3 気体の溶解度

図2は気体の溶解度の温度変化を表したものです。一見してわかるように、結晶の場合と反対です、つまり、温度が高くなると溶解度は落ちるのです。

これはオサカナ君にとっては死活問題です。つまり、水温が高くなると、溶存空気、すなわち水中の酸素量が少なくなるのです。そのため、金魚鉢の金魚は空気中に顔を出して一生懸命に酸素を吸います。ノンキにアクビをしているのではありません。

第 3 章 溶液の性質

図1 結晶性の物質の溶解度の温度依存性

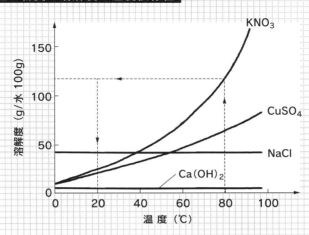

図2 気体の溶解度の温度依存性

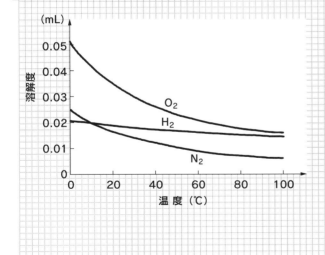

> 結晶の溶解度は温度と共に上昇しますが、気体の溶解度は反対です。高温では溶けにくくなるのです。

- 化学で使うモル濃度は溶液 1 kg に溶けている溶質のモル数を表す。
- 結晶の溶解度は多くの場合、温度の上昇と共に上昇する。
- 気体の溶解度は多くの場合、温度の上昇に伴って減少する。

035

3-3 溶液の蒸気圧

液体の表面からは液体分子が蒸発して蒸気圧を示します。しかし、溶液の場合には、液体の成分は単一ではありません。溶質と溶媒があります。この場合、両者の関係はどうなるのでしょうか？

1 溶液の表面変化

二種類の液体AとBを混ぜた溶液の表面の様子を考えてみましょう。表面にはAとBの分子がその濃度に応じた割合で浮かんでいると考えられます。すると、Aが気化しようとするとBを避けて気化しなければなりません。Bも同様です。この結果、AもBも、単独でいる場合より気化する確率は低くなります。これは、AとBの（混合）溶液の場合には、A、Bの蒸気圧はそれぞれ単独でいる（純溶媒）場合より低くなることを意味します（図1）。

2 溶液の蒸気圧

英国の科学者ヘンリーは、液体成分AとBからなる溶液の蒸気圧 P_T は、Aの蒸気圧 P_A とBの蒸気圧 P_B の和であることを見出しました。このように溶液における各成分の蒸気圧 P_A、P_B を特に分圧といいます。

次いで同じく英国の科学者であるラウールは、A、Bそれぞれの分圧は純粋のAの蒸気圧 $P_A{}^0$、純粋Bの蒸気圧 $P_B{}^0$ に、A、Bそれぞれのモル分率を掛けたものであることを発見しました。

モル分率というのは、溶液中に占めるA、Bの割合をモルで表したものであり、図2に示したようなものです。

3 ラウールの法則

数式の意味を言葉で表そうとすると大変にわかりにくいのですが、図で示すとわかりやすくなることがあります。ラウールの法則もそのような例の一つです。

図3は溶液の蒸気圧 P_T と、その成分A、Bの分圧 P_A、P_B の関係を表したものです。

P_T が P_A と P_B の和であることがよくわかります。そして、P_A、P_B がそれぞれのモル分率で表されることもよくわかります。しかし、2-3節で見た気体の状態方程式の場合のように、ラウールの法則に従う溶液は多くありません。そこで、ラウールの法則に従う溶液を特に理想溶液ということがあります。

第3章 溶液の性質

図1 溶液の表面変化

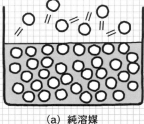

(a) 純溶媒

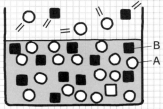

(b) 溶液

図2 蒸気圧と分圧

$$P_T = P_A + P_B$$
$$P_A = P_A^0 \frac{n_A}{n_A + n_B} \quad P_B = P_B^0 \frac{n_B}{n_A + n_B}$$
$$P_A^0,\ P_B^0：純粋なA，Bの蒸気圧$$

$\dfrac{n_A}{n_A + n_B}$ は A の割合

$\dfrac{n_B}{n_A + n_B}$ は B の割合を示します。

図3 ラウールの法則

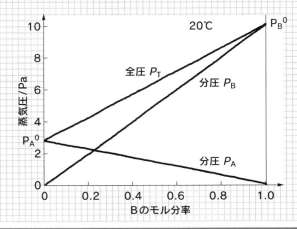

ポイント
- 溶液の各成分が示す蒸気圧を分圧という。
- 分圧は成分のモル分率に比例する。
- 溶液全体の蒸気圧は成分気体の分圧の和になる。

037

3-4 凝固点降下と沸点上昇

溶液の融点（凝固点）は純粋な溶媒の融点より下がり、反対に沸点は純溶媒より高くなります。この現象をそれぞれ凝固点降下、沸点上昇といいます。

1 凝固点降下

　台の上にたくさんのミカンをキチンとピラミッド形に積んでみましょう。当然ですが、台を揺するとミカンの山は崩れます。今度はミカンだけでなく、1割ほどの個数のリンゴを混ぜたピラミッドを作ってみましょう。作りにくいですが、無理して作りましょう。そして揺すってみましょう。簡単に崩れてしまいます（図1）。

　ミカンだけのピラミッドは純溶媒の結晶、リンゴの混じったピラミッドは溶液の結晶です。崩れにくいということは、結晶を溶かすのに大きなエネルギー、すなわち高い温度を必要とすることを意味します。反対に崩れやすいというのは低い温度で崩れることを意味します。すなわち、溶液の融点は純溶媒の融点より低いのです。

　塩分を含む海水やジュースは真水より凍りにくい、すなわち真水より低い温度で凍るという経験のとおりです。

2 モル凝固点降下

　凝固点の降下の度合いは、溶けている溶質のモル数に比例し、溶質の種類には無関係なことが知られています。溶媒1kgに1モルの溶質が溶けたときの溶媒の融点降下度をモル凝固点降下 K_f といい、その値は溶媒によって異なります（図2）。

　この関係を利用すると、溶質の分子量を決定することができます。つまりある溶媒1kgに構造未知の溶質 M g を溶かしたとき、その溶液の融点が K_f ℃だけ下がったとしたら、それは M g がその溶質の1モルだったことを意味します。つまり、この溶質の分子量は M である、ということになります。

3 モル沸点上昇

　沸点にも同じ関係が成り立ちます。沸点の場合にはモル沸点上昇 K_b という数値が測定されており、それを利用すると溶質の分子量を決定することができます。

第3章　溶液の性質

図1　純溶媒と溶液の結晶状態

ミカン
崩れにくい
高融点

リンゴ
崩れやすい
低融点

図2　溶媒ごとのモル凝固点降下

名　前		沸点(℃)	モル沸点上昇(度) K_b	凝固点(℃)	モル凝固点降下(度) K_T
水	H_2O	100	0.52	0	1.86
ベンゼン	C_6H_6	80.2	2.57	5.5	5.12
酢　酸	$C_2H_4O_2$	118.1	3.07	16.7	3.9
ナフタレン	C_2H_8	218	5.80	80.2	6.9
ショウノウ	$C_{10}H_{16}O$	209	6.09	178	40.0

融点を1℃下げるのに分子量の小さいものは少量ですが、分子量の大きいものはたくさん必要ということです。

- 溶液の融点は純溶媒より低く、沸点は純溶媒より高い。
- したがって水溶液は0℃で凍らず、水溶液の沸点は100℃より高い。
- 上の関係を利用して構造未知の試料の分子量を決定できる。

3-5 半透膜と浸透圧

「青菜に塩」のたとえのとおり、ホウレンソウなどの葉に塩を振ると、葉から水分が出て葉はシンナリとします。これは葉の細胞膜が水分だけを選択的に透過するからです。このような膜を半透膜といいます。

1 半透膜

布でできた膜はどのような大きさの分子でも全て通します。しかし、ポリエチレンでできた膜は水分子のように小さな分子でも通しません。

水分子のように小さな分子は通すが、ある程度の大きさの分子やイオンなどは通さない膜を半透膜といいます。代表的な半透膜はセロハンですが、細胞膜も半透膜の一種です。

布袋に砂糖を入れて水槽に沈めると、砂糖は布袋から溶け出て、水槽の水は甘くなります。しかしセロハンでできた袋に砂糖を入れて水槽に沈めても水は甘くなりません。しかし、袋の中に水が入って袋はパンパンに膨れます。これはセロハンが水分子は通すが砂糖分子は通さないことによるものです（図1）。

自然はこのようにして、セロハン袋の内外の濃度を近づけようとしているのです。

2 浸透圧

図2のように、底面に半透膜を張ったピストンを作り、中に適当な溶質の水溶液を入れます。このピストンを水槽に漬けると、水槽の水が半透膜を通ってピストンの中に入ってきます。この結果、ピストンのハンドルが上昇します。

このハンドルを抑えつけて半透膜から水を押し出し、ハンドルの高さを元の高さに戻すために必要な圧力がΠ（パイ）だったとします。このΠを浸透圧といいます。

Πと溶液の体積V、絶対温度T、溶質のモル数n、それと気体定数Rの間には図に示した式が成立することが知られています。この式は先に見た気体の状態方程式：$PV=nRT$（2-3節参照）とソックリな式です。

この式は、浸透圧は溶質の種類には無関係で、そのモル数に比例するということを示しています。

第3章 溶液の性質

図1 セロハンは水（分子）は通すが砂糖は通さない半透膜

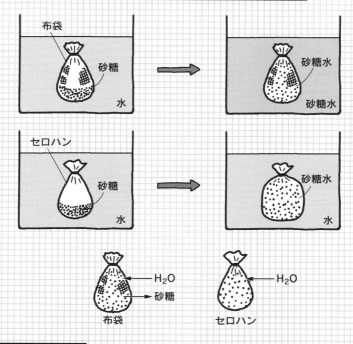

図2 浸透圧のしくみ

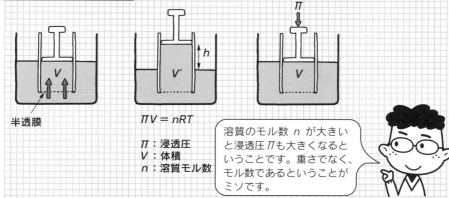

$\pi V = nRT$

π：浸透圧
V：体積
n：溶質モル数

溶質のモル数 n が大きいと浸透圧 π も大きくなるということです。重さでなく、モル数であるということがミソです。

ポイント
- 水のように小さい分子は通すが、大きい分子やイオンは通さない膜を半透膜という。
- 浸透圧は溶液中の溶質のモル数に比例する。

041

3-6 電解質溶液

ある種の分子 AB は水に溶けると陽イオン A⁺ と陰イオン B⁻ に分離します。この現象を電離といい、電離することのできる分子を電解質といいます。そして電解質を溶かした溶液を電解質溶液といいます。

1 電解質

イオン結合できた分子で水に溶ける物は典型的な電解質です。このような物としては塩化ナトリウム NaCl、塩化カルシウム $CaCl_2$、塩化アルミニウム $AlCl_3$、水酸化ナトリウム NaOH などがよく知られています。また、第8章で見る塩（えん）も電解質です。酢酸ナトリウム CH_3COONa は有機物ですが、塩であり、電解質です。

それぞれの電離反応を示しました。注意して頂きたいのは、電離すると分子（イオン）の個数が増えるということです。NaCl は2個、$CaCl_2$ は3個、$AlCl_3$ は4個に増えています。これが電解質の大きな特色です。

2 電解質溶液の性質

電解質を溶かした溶液を電解質溶液といい、いくつかの大きな特徴があります。

・伝導性

電流というのは電子の流れです。電子が A から B に移動したとき、電流は B から A に流れたというのです。電線（金属）中での電流はそのものズバリ、電子の移動です。しかし、電子でなくイオンが移動しても同じことになります。そのため、電解質溶液は伝導性を持っています（図2）。

・凝固点降下・沸点上昇

先に見たように溶液の凝固点降下や沸点上昇は溶液のモル濃度に比例します。NaCl を1モル溶かした溶液の中には、NaCl が電離したため、Na⁺ が1モルと Cl⁻ が1モル、あわせて2モルの分子（イオン）が存在することになります（図3）。つまり、2倍の温度の凝固点降下、沸点上昇が起こるのです。

・浸透圧

まったく同じことが浸透圧でも起こります。このように電解質溶液では溶液が溶けることによって溶質の分子数が増えることに注意しなければなりません。

第3章 溶液の性質

図1 電解質の電離反応

$$NaCl \longrightarrow Na^+ + Cl^-$$
$$CaCl_2 \longrightarrow Ca^{2+} + 2Cl^-$$
$$AlCl_3 \longrightarrow Al^{3+} + 3Cl^-$$
$$NaOH \longrightarrow Na^+ + OH^-$$
$$CH_3COONa \longrightarrow CH_3COO^- + Na^+$$

図2 電流と伝導性

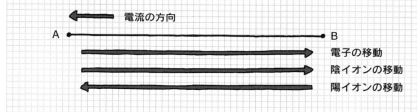

図3 NaClの電離

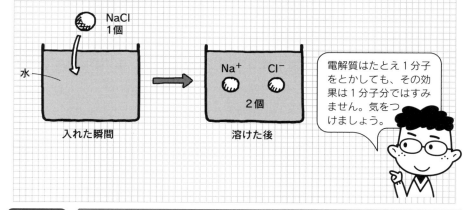

電解質はたとえ1分子をとかしても、その効果は1分子分ではすみません。気をつけましょう。

- ●溶けてイオンに分離する物を電解質という。
- ●電解質を溶かすとイオンに分解するので分子（イオン）の個数が増える。
- ●その結果、凝固点降下、沸点上昇、浸透圧の程度は大きくなる。

043

第4章
結晶と三態以外の状態の性質

物質の状態は結晶、液体、気体の三態が主ですがそれ以外の状態もあります。プラスチック、ガラス、液体などの状態は私たちの生活に定着しています。

4-1 結晶の構造と性質

結晶は原子や分子等の粒子が三次元に渡って位置と方向を揃えて積み重なった状態です。各粒子は温度に伴って振動や回転をすることができますが、位置を移動することはできません。

1 結晶の構造

結晶には多くの種類があります。氷のように、共有結合でできた分子からできた分子結晶、食塩（塩化ナトリウム）のようにイオン結合できた分子からなるイオン結晶、金属のように金属原子からできた金属結晶などがあります。

図1の（A）は塩化ナトリウムの結晶の模式図です。Na^+とCl^-が規則的に積み重なっていますが、ここでNaClという2個の原子からできた粒子を指摘することはできません。

（B）はベンゼンC_6H_6と塩素分子Cl_2の混合物が作る分子結晶の様子です。分子が一定の位置で一定の方向を向いていることがよくわかります。

2 金属結晶

図1の（C）は金属結晶の原子配列です。金属結晶における原子の積み重なり方には三種類があります。立方最密構造（面心立方構造）、六方最密構造、体心立方構造です。

一定体積空間に最も多くの球を詰め込むことができるのは最密構造です。しかしそれでも球と球（原子と原子）の間には隙間が空き、空間の26%は隙間になります。体心立方構造では32%が隙間です。

3 水素吸蔵金属

リンゴを一杯詰め込んだリンゴ箱にそれ以上のリンゴを入れることはできませんが、小さい豆なら入れることができます。これと同じような原理で、金属結晶には水素ガスを吸収するものがあります。このような金属を水素吸蔵金属といいます。マグネシウムは自体積の1600倍ほどの水素ガスを吸蔵することができます。

このような金属は水素ガスの篩（ふるい）として利用することもできます。つまり、水素以外は金属を通り抜けることができないので、純粋な水素ガスを作ることができるのです（図2）。

第4章 結晶と三態以外の状態の性質

図1 結晶の模式図

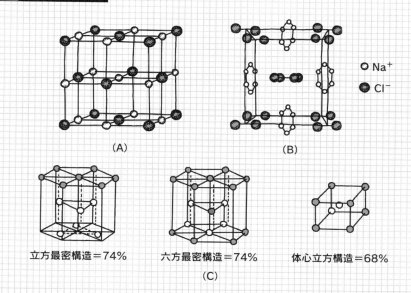

(A)　　　　　　　(B)

立方最密構造＝74%　　六方最密構造＝74%　　体心立方構造＝68%
(C)

図2 水素吸蔵金属のしくみ

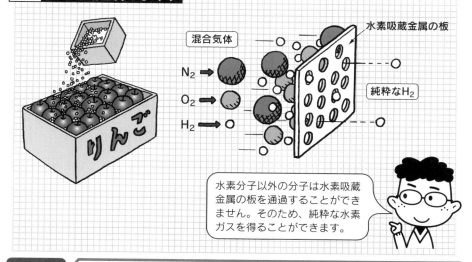

水素分子以外の分子は水素吸蔵金属の板を通過することができません。そのため、純粋な水素ガスを得ることができます。

ポイント
- 結晶にはイオン結晶、分子結晶、金属結晶などがある。
- 金属結晶は体積の少なくとも26%は隙間である。
- 金属はこの隙間に水素ガスを吸蔵することができる。

047

4-2 三態以外の状態

物質の状態には固体、液体、気体という、いわゆる物質の三態があります。しかし、固体状態は複雑です。前章までは固体＝結晶としてきましたが、実は状態には三態以外にもいろいろあるのです。

1 「物質の三態」以外の状態

物質の状態は先に1-6で見ましたが、それをもっと詳しく表したのが本節の図1です。

原子の形は本質的に球です。したがって方向性はありません。しかし分子は先に見た水分子のように固有の形を持っています。したがって、形に方向性があります。これを表すために分子を矢印で表しました。

そうすると分子の配列の仕方には図1の1～4の表現があり得ます。結晶では分子（図の●）の位置も方向（矢印の向き）も規則性があります。それに対して液体になると位置も方向も規則性を失って分子は自由運動を始めます。気体ではこの分子が勝手に飛び回ります。

2 三態以外の状態

結晶では分子は位置と方向の規則性を保ちます。ところが液体では両方の規則性を失います。当然の帰結として、この中間があるはずです。それが柔軟性結晶、液晶といわれる状態なのです。

●柔軟性結晶

この状態は位置の規則性は保っているが、方向の規則性を失った状態です。風見鶏の無風状態を空想して下さい。風見鶏は屋根に固定されていますが、その方向は勝手です（図2）。このような状態は実際に存在し、柔軟性結晶と呼ばれます。四塩化炭素 CCl_4、シクロヘキサン C_6H_{12} などの固体がこの状態に相当します。

●液晶

柔軟性結晶と反対に、位置の規則性は失ったが、方向の規則性は保っているという状態です。小川のメダカを思い出してください（図3）。彼らは流れに逆らうために常に上流を向いて泳ぎます（方向の規則性）。しかし、エサを取るために左右に泳ぎ回ります。つまり位置の規則性を失っています。このように、物質の状態には三態以外にもいろいろの状態があり、それぞれ固有の性質、能力を持っているのです。

048

第 4 章　結晶と三態以外の状態の性質

図1　物質の状態（結晶～液晶）

		1	2	3	4
状態		結晶	柔軟性結晶	液晶	液体
規則性	位置	○	○	×	×
	配向	○	×	○	×
	配列模式図				

図2　風見鶏と柔軟性結晶

図3　メダカと液晶

液晶はテレビやケイタイの液晶モニターとして用いられていますが柔軟性結晶の用途は研究中です。

●物質の典型的な状態は結晶、液体、気体であるがそれ以外の状態もある。
●柔軟性結晶は位置の規則性はあるが方向の規則性がない状態である。
●液晶は位置の規則性はないが方向の規則性がある状態である。

4-3 非晶質固体

結晶と液体の中間状態としてよく知られたものに液晶があります。しかし、もっと大昔から知られていた状態があります、それがガラスです。ガラス状態は新しい地平を拓く状態かもしれません。

1 水晶とガラス

　前節で見たように、結晶は固体であり、位置の規則性と方向の規則性を持った状態です。

　水晶は二酸化ケイ素 SiO_2 の結晶であり、六角柱で先端の尖った美しい結晶です。この水晶を加熱すると、氷が融けて水になるのと同じように、融けて高温でドロドロの液体になります。

　氷を加熱すれば水になり、水を冷やせばまた氷になります。ところが水晶の液体は冷やしても元の（結晶状態）の美しい形の水晶には戻りません。不定形のガラスになってしまいます。

2 氷と水晶

　結晶状態の水晶では、SiO_2 の分子は位置と方向の規則性を保って整然と積み重なっています。しかし、高温になって融けた状態では一切の規則性を失って、いわばダラシのない状態になっています。これは液体の水でも同じことです。しかし水の場合には、温度が下がって融点に戻るとサッと結晶状態に戻って氷になります。これは小学校の子供たちが休み時間を終えて授業開始のベルが鳴ると同時にサッと自分の椅子に戻るのと似ています（図1）。

3 アモルファス

　ところが SiO_2 の分子はグズなため？動きが鈍くてなかなか元の結晶状態の位置に戻れないのです。そのうち温度が下がり、運動エネルギーが低下すると動きが鈍くなって、まるで遭難でもするように、動きを止めてしまいます。

　これがガラス状態、アモルファスあるいは非晶質固体等と呼ばれる状態の本質なのです。ガラスのことを"凍った液体"という研究者がいますが美しい表現ではないでしょうか？物凄く長い時間で見たら、ガラスは重力に従って下方に動いているのかもしれません。美しいローマングラス（ローマガラス）もたかだか2000年の歴史に過ぎません。

第4章 結晶と三態以外の状態の性質

図1 ガラスは一度だらけると戻らない生徒のよう

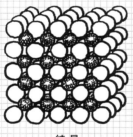
水、金属

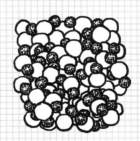
ガラス

結 晶

アモルファス

アモルファスは流動性を失った液体です。そのため、一切の規則性を失っています。

ポイント
- 固体状態には結晶状態の他に非晶質固体がある。
- 非晶質固体では分子の位置、方向に規則性はない。
- 非晶質固体は流動性を失った液体状態である。

4-4 アモルファス状態

アモルファス状態の物質はガラスだけではありません。多くのプラスチックは固体ですが結晶ではありません。アモルファスです。最近注目されているのは金属のアモルファスです。

1 プラスチック

　プラスチックの分子は、小さな単位分子が数千〜数万個も結合した非常に長い分子です（図1）。単位分子というワッカが連なった長い鎖と思ってよいでしょう。プラスチックはこのような長い分子が互いに絡まった物質です。ですから分子同士の位置や方向に規則性はありません。まるで液体のように互いに勝手な方向を向いています。すなわちアモルファスです。

　しかし、部分的にその分子が一定方向を向いて束ねられたような構造になることがあります。このような部分を結晶性の部分といいます（図2）。プラスチックの中を光が進むとき、結晶性の部分があるとその境目で光が反射します。氷の塊は透明なのに、かき氷にすると不透明になるように、結晶性の部分が多いプラスチックは不透明になります。

2 アモルファス金属

　私たちが目にする金属は全て結晶状態です。釘を切断して顕微鏡で観察すると多くの小さな結晶が集まっていることがわかります。このようなものを多結晶といいます。

　しかし、金属を融かして液体とし、これを急冷するとガラス状の金属になります。これをアモルファス金属といいます。

　アモルファス金属は結晶状態の金属とは異なった性質を持つことが知られています。強度が高いほか、錆びにくい、場合によっては磁性を持つなど多くの優れた点があります。使い方によっては現在のレアメタルの代替品になることができるかもしれません。

　問題は作るのが困難ということです。金属は水と同じように融点になると直ちに結晶化します。液体状態のまま固めて固体にするには急冷が必要になります。そのため、薄膜状、あるいは粉末状の物しかできませんでしたが、最近ではある種の合金を使って塊上のアモルファス金属を作ることもできるようになりました。

第4章 結晶と三態以外の状態の性質

図1 単位分子とプラスチック分子

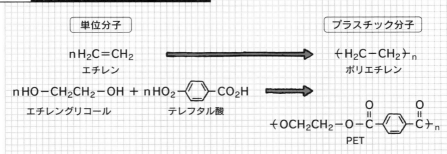

図2 プラスチック分子における結晶性の部分

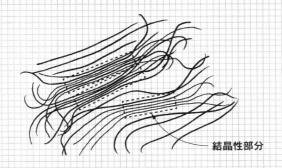

図3 金属ゲルマニウムの多結晶

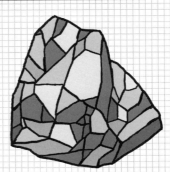

たくさんの結晶が集まっている様子がよくわかります。

ポイント
- プラスチックは長い分子が絡まったものでアモルファスである。
- 結晶性の部分は光を反射するので不透明になる。
- アモルファス金属は強度、物性に優れている。

053

4-5 液晶の性質

液晶は位置の規則性は失ったが、方向の規則性は残っている状態です。重要なのはこの方向を、容器に付けた擦り傷や、電気によって人為的に操作することができることです。

1 液晶分子

　液晶は分子の種類のことではありません。結晶状態や液体状態と同じように集合の状態の一種なのです。ただし、全ての分子が液晶状態をとるわけではありません。特殊な分子だけが液晶状態をとることができます。このような分子を特に液晶分子ということがあります。液晶分子の例を図1に示しました。

　液晶分子は一般にこのように長い有機分子が多いです。面白いのはコレステロールです。液晶が発見されたのは1888年ですが、発見したのは化学者ではなく、生物学者でした。彼はイカのコレステロールを研究していて液晶現象を発見したのです。

2 液晶状態

　図2は液晶分子の温度変化です。低温では普通の分子と同じように結晶です。これを加熱すると融点で融けて流動性が出ます。しかし、普通の液体と違って透明ではありません。牛乳のように不透明です。この状態が液晶状態なのです。

　これを加熱すると透明点で透明な液体になり、液晶としての性質を失ってしまいます。さらに加熱すれば気体になります。あるいは高熱で分解して壊れてしまいます。つまり液晶状態というのは融点と透明点の間という、ある温度範囲にだけ現れる状態なのです。

3 液晶の配向

　液晶分子の向きを配向といいます。ガラス容器の内壁面に一定方向の擦り傷をつけます。この容器に液晶を入れると、器壁に近い部分の液晶分子は擦り傷の方向に整列します。

　片方のガラス面を回転させて、向かい合った面の擦り傷を互いに90度傾けると、液晶分子もそれにつれて回転し、らせん階段のような配向になります。しかし、コレステロールの液晶は不思議な液晶で、何もしなくても互いにラセン状に積み上がる性質があります（図3）。

第4章 結晶と三態以外の状態の性質

図1　液晶分子の例

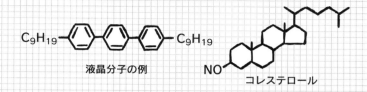

液晶分子の例　　　コレステロール

図2　液晶分子の温度変化

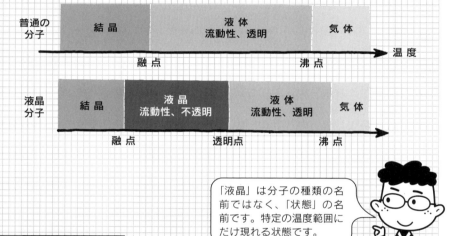

図3　液晶分子の配向

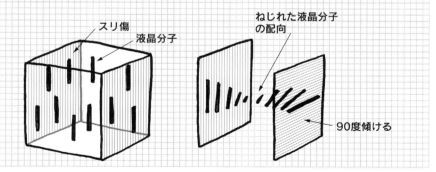

「液晶」は分子の種類の名前ではなく、「状態」の名前です。特定の温度範囲にだけ現れる状態です。

ポイント
- 液晶状態は位置の規則性はないが方向の規則性を持った状態である。
- 液晶状態はある一定温度範囲にだけ現れる状態である。
- 液晶分子は容器の擦り傷の方向に配列する。

055

4-6 液晶モニタ

テレビ、パソコン、ケイタイなどのモニタは、ほとんどが液晶モニタです。液晶モニタの原理は影絵の原理です。光源の光を液晶分子を用いて隠すのです。

1 配向制御

液晶モニタにとって重要な液晶の性質は、分子の配向を電気的に制御できるということです。

図1のように、容器の向かい合った二面に平行な擦り傷をつけ、残った二面を透明電極にします。この容器に液晶分子を入れると、分子は擦り傷の方向に整列します。しかし、透明電極に通電すると、液晶分子は直角に配向を変えて、電流の方向に整列します。電気を切ればまた元の擦り傷方向に整列するのです。

2 透明性

モニタに重要なもう一つの液晶の性質は光の透過性です。振動方向の揃った光を偏光といいます。偏光は配向が振動面と一致した液晶（A）の内部は通過します。つまりこの状態の液晶は透明です。しかし方向が直行した液晶（B）の中を通過することはできません。つまりこの配向の液晶は不透明ということになります（図2）。

3 液晶モニタの原理

上の二つの性質を巧みに利用したのが液晶モニタなのです。実際の液晶モニタの原理は複雑ですので、ここでは模式的に簡単にして見てみましょう。

液晶分子を短冊形と仮定し、この短冊は光を透過しないものと仮定します。図の様に、擦り傷を付けたガラスと透明電極でできた容器の中に分子を入れます。そしてこの液晶パネルを光源である発光パネルの前に置きます。

通電しない状態では短冊は擦り傷の方向に並びます。つまり光源の前に衝立が並んだ状態です。視聴者には光源の光は届かないので、画面は黒く見えます。しかし通電すると短冊は向きを変えるので、大きく空いた隙間から光が届き、画面は白く見えます（図3）。

画面を小さく仕切り、各仕切りをこのようにして液晶分子の配向を電気的に制御すれば、少なくとも白黒画面の液晶モニタは完成です。

第4章 結晶と三態以外の状態の性質

図1 配向制御のしくみ

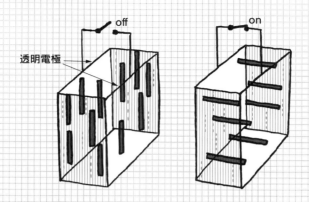

図2 偏光と液晶の透過性

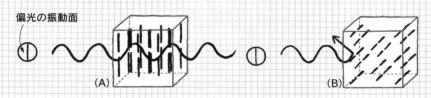

図3 液晶モニタの原理

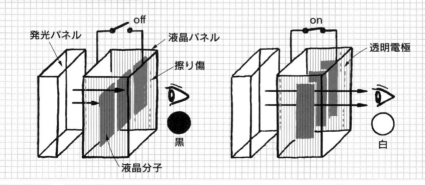

- ●液晶の配向は電気的に制御することができる。
- ●液晶は自分の配向と振動面の一致した偏光を通す。
- ●液晶モニタは光源の光を液晶分子で隠すもので影絵の原理である。

057

第5章
熱とエネルギー

> 分子はエネルギーのかたまりです。化学変化で変化するのは分子の構造だけではありません。エネルギーも変化するのです。

5-1 エネルギーとは？

高校の化学で化学反応というとAという分子がBという分子に変化することをいいます。しかし化学反応で変化するのは分子だけではありません。エネルギーも変化しているのです。

1 エネルギーの意味

エネルギーという言葉はギリシア語で「仕事の元」というような意味ですが、エネルギーそのものがはっきりした形で表れることはありません。エネルギーは何かの形になって表れます。それが熱であり、光であり、あるいは電力なのです。

エネルギーという言葉がよく使われるのは位置エネルギーです。高いところは位置エネルギーが高く、高エネルギーです。反対に低いところは低エネルギーです。二階から飛び降りればそのエネルギー差ΔEが放出され、それが骨を折るという仕事をします（図1）。

2 エネルギーの表現

化学でもエネルギーは非常に重要な言葉であり、あらゆる場面で出てきます。エネルギーの変化を表すには図2のようなグラフを用います。横軸は変化あるいは時間です。縦軸はエネルギーであり、上方が高エネルギーで不安定状態、下方は低エネルギーで安定状態です。

AがBに変化したとき、Aの方が高エネルギーならば、変化に伴ってエネルギー差ΔEが放出されます。変化を反対にBの方が高エネルギーならば周囲からΔEを吸収します。

3 原子・分子のエネルギー

原子や分子もエネルギーを持っています。原子は原子核と電子からできています。原子核と電子は静電引力で引き合っていますが、これもエネルギーです。分子は飛び回っており、運動エネルギーを持っています。分子は原子が結合したものであり、結合は結合エネルギーというエネルギーを持っています。分子は結合を伸び縮みさせたり（伸縮振動）結合角度を変化させます（変角振動）が、これらも運動であり、運動エネルギーを持っています（図3）。

分子のエネルギーのうち、重心の移動に基づく運動エネルギーを除いたものを内部エネルギーと呼びます。

第5章　熱とエネルギー

図1　二階から飛び降りるときの位置エネルギー

図2　位置エネルギーの変化

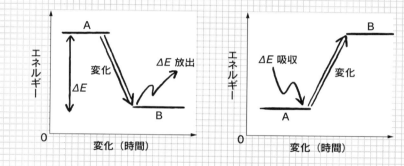

図3　分子の運動エネルギー

分子の持つエネルギーのうち、移動の運動エネルギーを除いたものを内部エネルギーといいます。

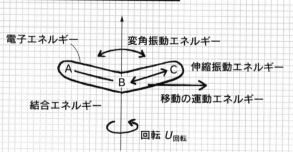

- エネルギーは熱、光、電力などの形で表れる。
- 高エネルギー状態は不安定状態、低エネルギー状態は安定状態である。
- 分子の持つエネルギーのうち、重心移動の運動エネルギー以外のものを内部エネルギーという。

061

5-2 熱力学第一法則

化学でエネルギーを扱う研究分野を（化学）熱力学といいます。この分野では重要な法則が三つあります。熱力学第一法則、第二法則、第三法則です。

1 質量保存の法則

熱力学第一法則は「質量保存の法則」と呼ばれることもあります。「質量」は「重量」と似ていますが完全に異なるものです。重量というのは物体が地球の引力に引かれる力です。ですから引力が変われば重量は変わります。地球で測定すると100gの物質も、引力の弱い月で測定すれば30gほどになるでしょう。日本とアメリカでも微妙に異なるでしょう。

このような値を基に科学を論じることはできません。そこで、地球の引力（重力）に左右されない量を決めました。これが質量です。質量100gの物質は月で計ろうと金星で計ろうと100gに変わりありません。

質量は変化しない、というのが「質量保存の法則」です。目の前のご飯300gを食べればご飯は消えてしまいます。しかし、食べた人の体重は300g増えています。ご飯の質量はシッカリと保存されているのです（図1）。

2 エネルギー保存の法則

熱力学第一法則は「エネルギー保存の法則」と呼ばれることもあります。アインシュタインの発見した相対性理論によれば、質量mとエネルギーEは本質的に同じものであるということになります。

すなわち、光の速度をcとするとmとEは$E=mc^2$というトンデモナク簡単な式で結ばれるのです。当然ながら、質量が保存されるなら、エネルギーも保存されるに決まっています。

これが具体的な意味を持つのは原子核反応です。原子爆弾にしろ、水素爆弾にしろ、原子核反応は膨大なエネルギーを発生します。このエネルギーは質量が変化したものなのです（図2）。つまり、反応の前後を比較すると、原子の質量は反応後に減少しているのです。この減少した分がエネルギーに変化したのです。

しかし、化学反応では質量の変化に表れるほどのエネルギー変化が起こることはありません。したがって、反応を通じて質量が変化することはないと考えて問題ありません。

第5章 熱とエネルギー

図1 「食べれば太る」は「質量保存の法則」

食べれば太る！

図2 原子核反応はエネルギーの変化

質量が変化したエネルギー

キノコ雲

原子爆弾

原子力発電も原子核の質量を電気エネルギーに換えています。

ポイント
- 反応の前後を通じて質量の総量が変化することはない。
- 反応の前後を通じてエネルギーの総量が変化することはない。
- 化学反応では質量とエネルギーの互換が起こることはない。

化学反応のエネルギー

化学反応の結果として表れるものは物質の変化、すなわち分子構造の変化だけではありません。化学変化にはエネルギーの変化が伴います。炭が燃えると熱くなるのはそのためです。

1 発熱反応と吸熱反応

図1は炭が燃える、すなわち炭素Cと酸素O_2が反応して二酸化炭素CO_2になる際のエネルギー変化を表したものです。

出発系、すなわち$C+O_2$の方が生成系CO_2より高エネルギーです。そのため、反応が進行すると両者のエネルギー差ΔEが放出されます。このように反応に伴って出入りするエネルギーを反応エネルギーといいます。このエネルギーが熱や光になるので炭が燃えると熱くなり、赤く輝くのです。

反応に伴ってエネルギーを放出する反応を発熱反応、反対にエネルギーを吸収する反応を吸熱反応といいます。

2 結合エネルギー

図2は原子A、Bが結合して分子A–Bになるときのエネルギー変化を表したものです。原子は結合して分子になると、低エネルギー状態になります。すなわち、分子になるとΔEだけ安定になります。このΔEを結合エネルギーといいます。

結合を切るためには外部からΔEを与えなければなりません。そのため、結合エネルギーの大きい結合ほど、強固な結合ということになります。

3 原子発光

原子に電気エネルギーΔEを与えると、原子はそれを吸収して高エネルギー状態になります。しかしこの状態は不安定なので原子は吸収したΔEを放出して元の安定状態に戻ります。このΔEが光の形で現れるのが原子の発光現象です（図3）。

水銀原子Hgの発光を利用したものが水銀ランプや蛍光灯であり、ネオン原子Neを利用したものがネオンサインです。トンネルなどでオレンジ色に輝くのはナトリウムランプであり、金属のナトリウム原子Naを利用したものです。

第 5 章　熱とエネルギー

図1　炭（C）が燃える際のエネルギー変化

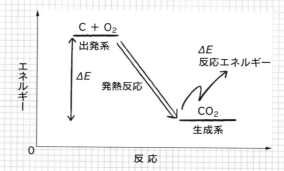

図2　原子AとBが結合(A+B)して分子状態(A-B)になる際の結合エネルギー

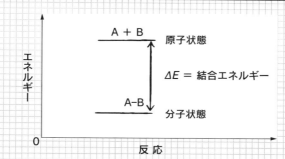

図3　原子の発光現象

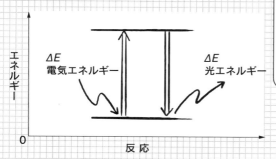

反応エネルギーの主体は結合エネルギーの変化によるものです。つまり、全産業が用いるエネルギーはほとんど全てこの結合エネルギーに由来するものなのです。

 ポイント
- ●反応に伴って出入りするエネルギーを反応エネルギーという。
- ●エネルギーを出す反応を発熱反応、吸収する反応を吸熱反応という。
- ●原子は吸収したエネルギーを放出するとき、光として出すことがある。

5-4 結合エネルギーと反応エネルギー

化学反応は簡単にいえば結合の切断と生成です。出発系の分子の結合が切断され、その結果生じた破片が新しい結合を作って生成系の分子になるのです。つまり、反応エネルギーの元は結合エネルギーなのです。

1 化学反応のエネルギー

分子 AB と CD が反応して新分子 A と BCD ができたとしましょう。この反応が進行するために AB 間の結合が切断され、BC 間に新しい結合ができなければなりません。

結合の切断は吸熱反応であり $E_{切断}$ を吸収します。一方、結合の生成は発熱反応であり $E_{生成}$ を放出します。この両方のエネルギーの兼ね合いによって全体の反応の反応エネルギー（エネルギー収支）が決定されるのです（図1）。

2 溶解のエネルギー

水酸化ナトリウム NaOH を水に溶かすと激しく発熱して熱くなります。ところが硝酸ナトリウム $NaNO_3$ を水に溶かすと冷たくなります。この違いはどのようにして起こるのでしょうか？

(A) 溶解の化学変化

化学変化は一見したところ簡単でも、よく調べると実は複雑な変化であることがあります。結晶の溶解もそのような変化の一つです。

先の3-1節に見たように、結晶が溶けるというのは、結晶が1分子ずつバラバラになり、溶媒分子に囲まれて溶媒和されることです（図2）。

結晶がバラバラになるということは、結晶において分子を（分子間力で）結合させておいた結合を切ることであり、このためには外部から $E_{切断}$ を吸収しなければなりません。一方、溶媒和というのは溶質分子と溶媒分子の間に分子間力に基づく結合ができることを意味します。結合ができるのですから、$E_{生成}$ が放出されます。

(B) 溶解エネルギー

溶解のエネルギー変化はこの二つのエネルギー、$E_{切断}$ と $E_{生成}$ の兼ね合いで決まります。もし $E_{切断}$ の絶対値が $E_{生成}$ の絶対値より大きければ吸収するエネルギーの方が大きくなります。この結果、全体の変化はエネルギー吸収になるので周囲を冷やすことになります。反対に $E_{切断}$ の絶対値が $E_{生成}$ の絶対値より小さければ発熱反応となって熱くなります（図3）。

第 5 章　熱とエネルギー

図1　化学反応のエネルギー収支

A−B　+　C−D　⟹　A+　B−C−D
　　　切断　　　　　　　　　　　　　　生成

エネルギー収支 = |$E_{生成}$(B−C)| − |$E_{切断}$(A−B)|
　　　　　　　　　　　絶対値　　　　　　　絶対値

エネルギー収支 > 0 ： 発熱反応
エネルギー収支 < 0 ： 吸熱反応

|$E_{生成}$| が |$E_{切断}$| より大きければ発熱、反対ならば吸熱ということです。

図2　結晶の溶解の化学変化

結晶　→（結合切断）→　バラバラの分子　→（結合生成）→　溶媒和状態

図3　溶解エネルギーと溶解熱

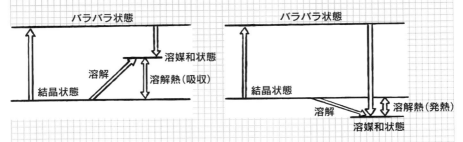

バラバラ状態／溶媒和状態／溶解／溶解熱（吸収）／結晶状態

バラバラ状態／結晶状態／溶解／溶媒和状態／溶解熱（発熱）

- 化学反応は結合の切断と生成から成り立っている。
- 反応エネルギーは結合切断のために吸収するエネルギーと、結合生成によって放出されるエネルギーの兼ね合いによって決まる。

067

5-5 エネルギーとヘスの法則

量にはいろいろの量があります。30℃という温度は、それ以前が0℃であろうと100℃であろうと、関係ありません。30℃なら30℃なのです。このように、過去の経過に関係ない量を状態量といいます。

1 状態量

　物質の温度、体積、質量などは、物質がどのように変化してこようと、すなわち、30℃の物質の温度は、0℃の物質を暖めて30℃にしようと、100℃の物質を冷やして30℃にしようと、その変化の過程に関係しません。30℃は30℃なのです。このような量を状態量といいます（図1）。

　しかし、例えば仕事量は違います。重い物体を山へ運ぶ際の仕事量を考えてみましょう。手で持って運んだのでは大変な仕事量になります。しかし、一輪車に積んで運べば随分楽になります。つまり、同じ物質を同じ高さに運ぶのでも、仕事量はその手段によって大きく変わるのです。つまり仕事量は状態量ではありません。

2 ヘスの法則

　エネルギーは状態量です。つまり、初めの状態と終わりの状態が決まればその間に費やすエネルギーの総量は変化の過程に関係なく常に一定なのです。これを発見者の名前を取ってヘスの法則といいます。

　ヘスの法則を使えば、現実には起きない反応、あるいは測定困難な反応の反応エネルギーを求めることができるのです。

　ダイヤモンドも、鉛筆の芯であるグラファイトも炭素の同素体です。したがって、グラファイトをダイヤモンドに変化させることは理論的には不可能ではありません。しかし、そのために要するエネルギーはほとんど測定不可能です。しかし、ヘスの法則を使えば可能です。

　ダイヤモンドとグラファイトを同じ物質に変化させ、その変化に要するエネルギーを比較すればよいだけです。実験の結果、ダイヤモンド1モル（12g）を燃やして二酸化炭素にすると、395.40 kJのエネルギーが発生しました。しかし、グラファイトの場合には393.51 kJしか発生しませんでした。この結果、グラファイトをダイヤモンドに変化させるためには1.89 kJのエネルギーが必要なことがわかります。これは電気代としては1円にもならない量です（図2）。

第5章 熱とエネルギー

図1 エネルギーの状態量はどう変化しても変わらない

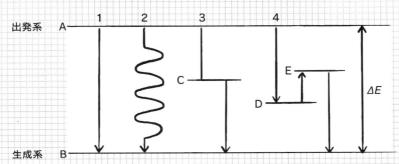

AからBに変化する際に放出するエネルギー ΔE は経路1〜4のどれでも変わりません。

図2 グラファイトをダイヤモンドに変化させる反応エネルギーの求め方

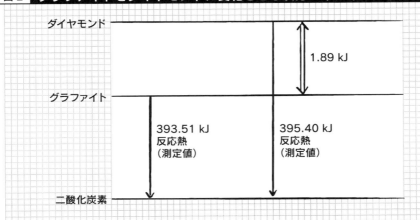

- 状態によって決まり、変化の過程に関係しない量を状態量という。
- 反応エネルギーは状態量なので、出発状態と生成状態が決まれば、反応の過程には影響されない。

069

第6章
反応の速度

化学反応の反応速度はいろいろの要素に影響されます。それだけに反応速度を解析すると、反応の詳細が明らかになります。

6-1 反応速度とは

化学反応には爆発のように瞬時に完結する速いものもあれば、鉄が錆びるように遅いものもあります。化学反応の速度を反応速度といいます。反応速度を解析すると、化学反応の詳細がわかります。

1 反応と濃度変化

反応 A→B において、反応が進行すれば A は減少し、B は増加します。図1は A と B の濃度変化を表したものです。横軸は一般に反応座標といわれますが、時間と考えてよいでしょう。

一般に濃度は [A] のようにカギカッコで表されます。反応が開始されたときには、系に存在するのは A ばかりです。このときの A の濃度を初濃度といい、記号 $[A]_0$ で表します。反応が進行すると A が B になるので、A と B の濃度の和は初濃度に等しくなります。

2 半減期

図2は速い反応と遅い反応の濃度変化の違いを表したものです。速い反応は出発物質 A が速く減少して消失し、遅い反応ではいつまでも残っています。

反応速度を見るには半減期 $t_{1/2}$ を調べるのが便利です。半減期というのは出発物質の濃度が最初の濃度の半分になるのに要する時間のことです。半減期の短い反応は速い反応であり、半減期の長い反応は遅い反応です。原子核反応では半減期 0.001 秒というような短いものから、100 億年以上という長いものまでいろいろあります。

3 半減期の2倍の時間が経ったらどうなる？

時間が半減期の2倍、すなわち $2t_{1/2}$ 経ったら濃度はどうなるのでしょう？最初の $t_{1/2}$ で半分なくなり、次の $t_{1/2}$ で残っていた半分がなくなって、結局 A はなくなるのでしょうか？

そうではありません。最初の $t_{1/2}$ で半分になります。そして次の $t_{1/2}$ でまた半分になるので結局最初の1/4ということになります。更に $t_{1/2}$ 経ったらそのまた半分の1/8です（図3）。

このように、どこまでいっても濃度は0にならないという矛盾はありますが、分子がなくなったら反応は終わりということです。

第 6 章 反応の速度

図1 反応 A→B の濃度変化

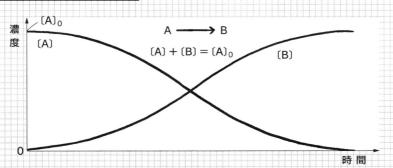

図2 速い反応と遅い反応の濃度変化の違い

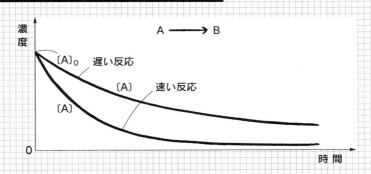

図3 化学反応の半減期

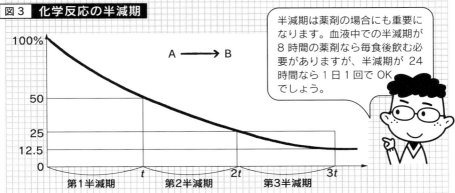

半減期は薬剤の場合にも重要になります。血液中での半減期が8時間の薬剤なら毎食後飲む必要がありますが、半減期が24時間なら1日1回でOKでしょう。

ポイント
● 反応の速さを反応速度という。
● 反応の速さを表す指標に半減期がある。
● 半減期の2倍の時間が経つと出発物の濃度は1/4になる。

6-2 反応速度式

反応速度は簡単な数式で表すことができます。この式を反応速度式といい、そこに出てくる定数を速度定数といいます。速度定数は反応の速度を表します。

1 一分子反応と二分子反応

　反応 A→B のように、出発分子 A が他の分子に無関係に自分で勝手に変化する反応を一分子反応といいます。それに対して、A＋A→C や A＋B→D のように、2個の分子が衝突することによって起こる反応を二分子反応といいます（図1）。

　3個の分子が同時に衝突する確率は非常に小さいので三分子反応は考える必要はありません。A＋B＋E→F のように見える反応は実は A＋B→C となり、この C に E が反応して F になるというように、二段階で起こっています。

2 一次反応速度式

　「数式フリー」といっておきながら、反応"式"とは約束が違うと思うかもしれませんが、お許しください。反応速度論は普通なら数学の本よりも多くの数式が出てきます。それを抑えに抑えても、最後に残るのが図2の式（1）なのです。

　この式によれば、反応 A→B の反応速度 v は出発物の濃度 [A] に速度定数 k を掛けたものになっています。この式は [A] に対して一次の式です。そこで、反応速度がこの式に従う反応を一般に一次反応といいます。

　誤解しないで頂きたいのは、A→B の反応が全て一次反応なのではないということです。反応の中にはトンデモナク複雑なものがあり、見たつきの反応は A→B だけど、反応式は [A] が二乗になったり、そのうえ、分母にまで入ってくるということもあります。

3 二次反応速度式

　反応 A＋A→C の速度は図2の反応速度式（2）で表されることが多いです。この式は [A] の二乗が使われているので二次反応速度式といいます。そして速度が濃度の二乗（二つの濃度の積）に比例する反応を二次反応といいます。反応 A＋B→D も速度が [A] と [B] の積に比例するなら二次反応ということになります〔図2の式（3）〕。

第6章　反応の速度

図1　一分子反応と二分子反応

一分子反応

二分子反応

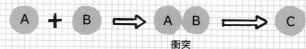

衝突

図2　反応速度式

- 一分子反応　　A ⟶ B

    $v = k[A]$：一次反応速度式　　……(1)

    となることが多い

- 二分子反応　　A+A ⟶ C

    $v = k[A]^2$：二次反応速度式　　……(2)

    　　　　　　A+B ⟶ D

    $v = k[A][B]$：二次反応速度式　　……(3)

    となることが多い

反応速度 v が濃度〔A〕に比例するのが一次反応、濃度の二乗〔A〕^{2} 比例するのが二次反応です。

- 反応には一分子反応と二分子反応がある。
- 反応速度を表す式を速度式といい、定数を速度定数という。
- 反応には一反応と二次反応がある。

6-3 逐次反応と律速段階

A→B→C→D→…のように反応が次々と連続する反応を全体として逐次（ちくじ）反応といいます。有機化学反応の多くは逐次反応です。逐次反応全体の速度を支配する段階を律速段階といいます。

1 律速段階

　逐次反応を構成する各反応、すなわち A→B、B→C、C→D をそれぞれ素反応といいます。素反応は互いに独立した反応であり、固有の速度式と速度定数を持っています。

　反応 A→B→C→D において、各段階が終了するのに要した時間が図１のようなものだったとしましょう。Ⅰ段階目は10分ですが、Ⅱ段階目は非常に遅くて10時間もかかり、Ⅲ段階目は大変に速くて１秒で完結したとしましょう。

　全体の反応時間は10時間10分１秒です。この反応時間に最も大きく影響しているのはどの段階でしょう？いうまでもなく、最も遅い第Ⅱ段階です。そこでこの段階を速度を律する段階ということで、律速段階といいます。

　グループワークで手が遅いタイプの人を律速段階というのはここからきています。

2 逐次反応の濃度変化

　逐次反応 A→B→C における成分、A、B、C の濃度変化を考えてみましょう。この場合、律速段階がどこにあるかによって濃度変化の様子は大きく異なります。

　図２は最初の段階が速い場合です。この場合、反応の初期段階で大量の B が生成します。その後、B は徐々に C に変化していきます。この結果、B の濃度には極大が生じます。もし欲しい生成物が B なら、この極大段階で反応を止めることが重要です。

　図３は後の段階が速い場合です。この場合、B はゆっくりと生成しますが、生成した途端に C になってしまいます、つまり、B は系内に溜まることはありません。この場合、反応は B を無視して A→C と近似して考えることもできます。

第6章 反応の速度

図1 逐次反応における律速段階

図2 一段目が速い場合

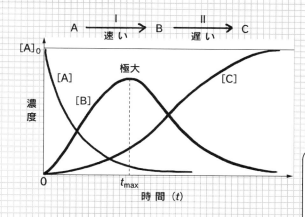

図2の場合、反応を長時間放置したらBはなくなり、全てCになってしまいます。

図3 二段目が速い場合

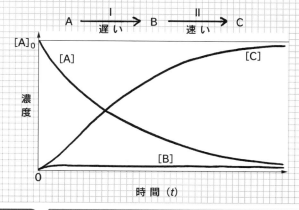

ポイント
- 幾つもの素反応が連続する反応を逐次反応という。
- 逐次反応全体の速度を決める段階を律速段階という。
- 逐次反応の濃度変化は律速段階の位置によって大きく影響される。

077

6-4 可逆反応と平衡

普通の反応 A→B は A が B に変化します。ところが反応 A⇌B は A が B に変化すると同時に B が A に変化します。このような反応を可逆反応といいます。可逆反応には平衡という現象が起こります。

1 可逆反応

冒頭に見たように、A⇌B のように、反応が反応式の右向きと左向きに同時に起こる反応を可逆反応といいます。一般に右方向に進む反応を正反応、左方向に進む反応を逆反応といいますが、深い意味はありません。この反応は、反応 A→B と B→A という二つの素反応が組み合わさったものであり、両反応は独立しています。したがって、両反応の速度、すなわち速度定数 $k_正$ と $k_逆$ は互いに異なります〔図1の (式1)〕。

2 可逆反応の濃度変化

図2は可逆反応 A⇌B の濃度変化を表したものです。[A] は反応開始とともに減少を始めますが、時間が経って B が溜まると B が A に戻るため、[A] の減少速度は遅くなります。そしてある時間が経つと、[A] の減少速度と増加速度が同じになり、見かけ上 [A] は変化しなくなります。[B] に関しても同じことが起こります。この状態は A が B に変化する速度と $v_正$ と B が A に戻る速度 $v_逆$ が等しい状態です〔図1の式 (2)〕。

このようになった状態を平衡状態といいます。つまり平衡状態というのは、「変化は起こっているのだが、見かけの変化がなくなった状態」をいうのです。

これは非常に重要なことです。日本の人口は1億2千万ほどで一定しています。しかし常に亡くなる方と生まれる方がおられ、その構成は変化しています。これが平衡状態なのです。変化は起こっているのだが、見かけ上の変化がない状態なのです。

3 平衡定数

可逆反応 A⇌B が平衡状態にあるとき、その比 $K=[A]/[B]$ を平衡定数といいます。平衡定数の定義式と図1の式2を比較すると式3が出てきます。この式は、平衡定数は速度定数の比になっていることを表します。

平衡定数は温度が一定ならば、常に一定であることがわかっています。

第6章 反応の速度

図1 可逆反応の反応式

$$A \underset{k_{逆}}{\overset{k_{正}}{\rightleftarrows}} B$$

$$v_{正} = k_{正}[A] \quad \cdots\cdots (1)$$

$$v_{正} = k_{正}[B]$$

平衡状態では
$$v_{正} = v_{逆} = k_{正}[A] = k_{逆}[B] \quad \cdots\cdots (2)$$

$$K = \frac{[B]}{[A]} = \frac{k_{正}}{k_{逆}} \quad \cdots\cdots (3)$$

図2 可逆反応の濃度変化

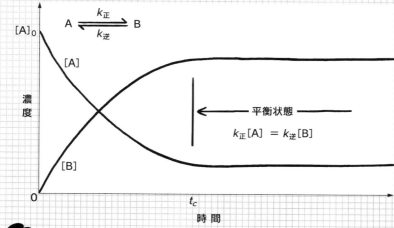

反応系に変化が見えるのは t_c までです。それをすぎると系に変化は表れません。それが平衡状態なのです。

- 反応式の右にも左にも進行する反応を可逆反応という。
- 可逆反応は時間が経つと変化が見えない平衡状態になる。
- 平衡状態において出発系と生成系の濃度比を平衡定数という。

6-5 遷移状態と活性化エネルギー

炭を燃やすと熱が出ます。ところが炭を燃やすにはマッチやライターで熱を加えなければなりません。進行すれば発熱する反応を起こすために、熱を加えなければならないとはどういうことでしょうか？

1 遷移状態

炭を燃やす反応、すなわち炭素 C と酸素 O_2 が反応して二酸化炭素 CO_2 になる反応を考えてみましょう。酸素の構造式は O＝O であり、二酸化炭素の構造式は O＝C＝O です。この反応が進行するためには、C が O＝O の真ん中に割って入らなければなりません。

これは簡単な反応ではありません。図1に示したような途中段階の"分子"を考える必要があります。この"分子"では点線で表した結合がありますが、これは消えつつある結合と、できつつある結合であり、どちらも不安定です。

その結果、この"分子"は出発系（C＋O_2）、生成系（CO_2）どちらよりも高エネルギーな状態になってしまうのです。この状態を遷移状態といいます。

2 活性化エネルギー

しかし、炭素が酸素と反応して二酸化炭素になるためには、この高エネルギー状態を経由しなければならないのです。これは昔の旅人が出発地から目的地に行くために通らなければならない峠のようなものです。

この峠を越えるために必要なエネルギーを活性化エネルギー E_a といいます。活性化エネルギーの大きい反応は進みにくく、反応速度も遅い反応です。それに対して活性化エネルギーの小さい反応は進みやすく、反応速度も大きい反応です。

3 遷移状態と中間体

誤解されやすいのが遷移状態と中間体です。中間体というのは先に見た逐次反応 A→B→C→D…における生成物 B、C…のことをいいます。反応 A→B などは全て素反応であり、それぞれに遷移状態が存在します。簡単にいえば遷移状態はエネルギー極大（山）の構造であり、中間体はエネルギー極小（谷）の構造なのです（図2）。したがって中間体は単離して取り出すことができますが、遷移状態を取り出すことはできません。

第 6 章　反応の速度

図1　炭（C）を燃やす反応における遷移状態

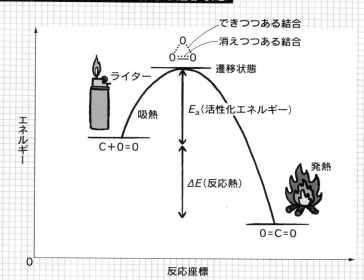

図2　遷移状態と中間体

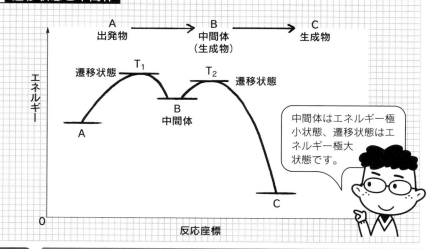

中間体はエネルギー極小状態、遷移状態はエネルギー極大状態です。

- ●反応は途中で高エネルギー遷移状態を経由しなければならない。
- ●遷移状態を経由するためのエネルギーを活性化エネルギーという。
- ●遷移状態はエネルギー極大、中間体はエネルギー極小状態である。

081

6-6 触媒反応

触媒は、生成物を変えないが反応速度を速める物質といわれます。しかし触媒の働きはそれにとどまりません。触媒とはどのようなものなのでしょうか？

1 触媒と活性化エネルギー

　触媒の働きは簡単にいうと、活性化エネルギーを下げるというものです。図1は、普通の反応のエネルギー状態と触媒存在下のエネルギー状態を比較したものです。触媒が存在すると活性化エネルギーが低下していることがわかります。

　活性化エネルギーが低下すれば反応は進行しやすくなり、反応速度は上昇します。まさしく触媒反応の様子そのものです。それでは、触媒はどのようにして活性化エネルギーを下げる、つまり遷移状態を安定化することができるのでしょう？

　それは、触媒が出発物質と反応して別種の遷移状態を作るからです。反応はこの特別の遷移状態を経由して反応するので、低い活性化エネルギーで反応することができるのです。しかし、触媒の存在で変化するのは遷移状態だけであり、生成物は変化しません。そのため、生成物は同じで反応速度だけが変化するのです。

2 酵素反応

　生体では生化学反応が行われています。生化学反応の多くは酵素の助けを借りて行われます。酵素というのはタンパク質でできた触媒です。

　酵素の特徴は特定の反応だけを活性化するということです。これは鍵と鍵穴の関係で説明されることが多いです。酵素Eは反応物質Sと反応して複合体SEを作ります。この状態でSは反応して生成物Pとなり、それに伴った複合体PEとなります。するとEはPと分かれて元の酵素となり、改めて次のSと反応するのです（図2）。このようにして1分子のEは反応を繰り返すことによって、無数のSの反応を助けることができるのです。

　図3に複合体SEの構造の例を示しました。図において点線で示したのは水素結合です。このように酵素Eと出発物質Sが丁度良い位置で水素結合を作ることができること、それが鍵と鍵穴の秘密なのです。

第6章 反応の速度

図1 触媒存在化の活性化エネルギー

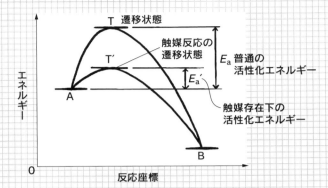

図2 酵素反応

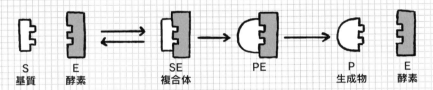

図3 複合体ESの構造の例

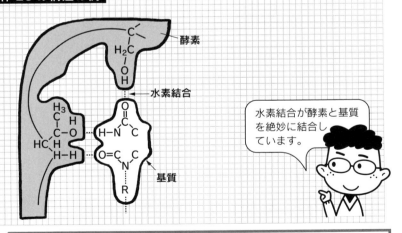

水素結合が酵素と基質を絶妙に結合しています。

- 触媒は出発物都反応して独自の遷移状態を形成する。
- その結果、系の活性化エネルギーは低下し反応速度は速まる。
- 酵素はタンパク質でできた触媒である

第7章
エントロピー

> 反応はエンタルピーの減少する方向、エントロピーの増加する方向に進行します。この両方を一緒にしたのがギブズエネルギーです。結局、反応はギブズエネルギーの減少する方向に進行します。

7-1 エネルギーとエンタルピー

これまでにいろいろの場面でエネルギーという言葉が出てきました。エネルギーは便利な言葉ですが、厳密に考えるといろいろと面倒なことがあるのも確かです。

1 定積反応のエネルギー変化

金属性のタンクの中で行う反応のように、体積一定の下で行う反応を定積反応あるいは定容反といいます。この条件で系に熱 Q を加えます。この熱は全て系に蓄えられますから、系の内部エネルギー変化 ΔU は Q に等しい、つまり式（1）となります（図1）。

2 定圧反応のエネルギー変化

それに対して風船のように体積が変化する容器の中で行う反応、つまり一定圧力の下で行う反応を定圧反応といいます。自然界で起こる反応は大気圧一定の条件下で起こるので、定圧反応と考えることができます（図2）。

この条件下で系に熱 Q を加えると、風船の中は温度が上がり、体積は膨張します。ということは、仕事 W をしたことになります。つまり、系は受け取った熱 Q の一部を仕事 W として使ってしまったことになるのです。したがって系の内部エネルギーの変化量 ΔU として現れる量は Q から仕事量 W を差し引いた量 $\Delta U = Q - W$、すなわち式（2）となります。

3 エンタルピー

ところで、物理の力学でいうように、圧力 P の下で、体積 V が ΔV だけ変化した場合の仕事量 W は、$W = P\Delta V$ となります。したがって定圧反応での ΔU は式3と書くことができます。式（3）から式（4）への変形は小学校の問題です

ところがここで大学"科学"一流の"言い換え"が起こります。つまり、$U + PV = H$ と定義してこれをエンタルピーと呼ぶことにするのです。こうすると、定圧変化のエネルギー変化 ΔE はエンタルピー変化 ΔH よって計ることができることになります。

第 7 章　エントロピー

図1　金属性タンクの中の定積反応（定容反）

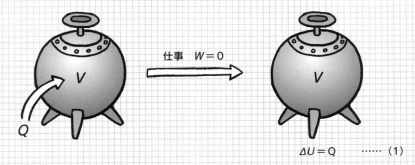

$\Delta U = Q$ ……（1）

図2　風船の中の定圧反応

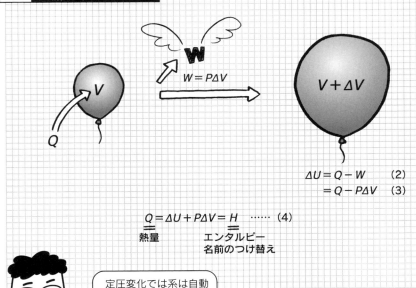

$\Delta U = Q - W$　（2）
$\quad\; = Q - P\Delta V$　（3）

$\underline{\underline{Q}} = \Delta U + P\Delta V = \underline{\underline{H}}$ ……（4）
　熱量　　　　　エンタルピー
　　　　　　　　名前のつけ替え

> 定圧変化では系は自動的に仕事 W していることになります。それが $P\Delta V$ なのです。

ポイント
- 定積変化では系に加えられた熱 Q はそのまま系の内部エネルギー ΔU となる。$Q = \Delta U$ （式1）
- 定圧反応では、Q の一部は膨張の仕事量 $W = P\Delta$ として使われる。したがって系の内部エネルギー変化量 $\Delta U = Q - P\Delta V$ となる

087

7-2 整然と乱雑

ここまでは反応に影響するものとしてエネルギーE、特に定圧反応の下ではエンタルピーHを見てきました。しかし化学反応はそれほど単純ではありません、もう一つの要素があるのです。

1 自然は乱雑が好き

コーヒーの香りはカップから出て室内に広がっていきます（図1）。しかし、この反対の現象が起こることはありません。室内に広がった香りがコップの中に戻ることはないのです。なぜでしょうか？

長方形の箱を仕切りで二つに分割します。それぞれの空間に気体AとBを入れます。仕切りを取り去ったらどうなるでしょうか？両方の気体は混じって混合気体になります。その先、何万年放置しようと、二種類の気体が仕切りのない部屋の中で両部分に分離することは決してありません。

二種類の気体が分離されている状態は仕分けされた、整然状態です。それに対して両方の気体が混じった状態は乱雑状態です。自然は乱雑状態が好きなのです。整然状態から乱雑状態に変化することはありますが、外部から仕事を加えない限り、この反対の変化が起こることはありません。すなわちこの変化は一方にだけ変化する不可逆現象なのです。

2 エントロピーS

「乱雑さ」という量を定義し、それをエントロピーSと名づけることにします。そうすると、気体が二つの部分に分かれていた仮想的な場面はエントロピーSの小さい場面であり、それが混じり合った場面はSの大きい場面となります。すなわち、この変化においてはSが増加したのです。要するに $\Delta S>0$なのです。

化学変化のうち、外界からの影響を受けない反応を調べてみると、その変化におけるエントロピー変化は常にエントロピーが増加していることがわかります。つまり自然界の変化はエントロピーの増加する方向$\Delta S>0$の方向に変化するということができます。

これを称してエントロピーは宇宙の時計という科学者もいます。時計の針が一定方向に進むように、エントロピーもひたすら、増加の方向に進んでいくのです。

第7章　エントロピー

図1　コーヒーの香りが広がるのは不可逆現象

広がる自発的変化

図2　乱雑さ（エントロピー）Sとは

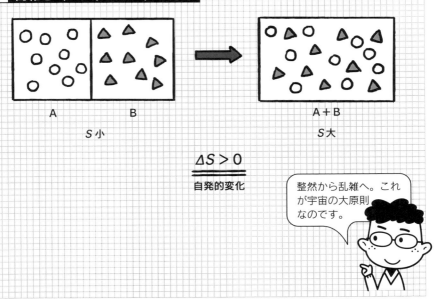

A　　B
S小

A＋B
S大

$$\underline{\underline{\Delta S > 0}}$$
自発的変化

整然から乱雑へ。これが宇宙の大原則なのです。

ポイント

- 宇宙の変化は乱雑になる方向に進んでいる。
- 乱雑さを表現する尺度としてエントロピーSを定義する。
- 自然界はSの増加する方向、すなわち$\Delta S > 0$に進行する。

7-3 熱力学第二法則

自然界の変化は、他の条件が許すなら、エントロピーの増加する方向に変化します。これは宇宙全体を貫徹する大法則であり、熱力学第二法則と呼ばれます。

1 エントロピー変化量

自然界の変化はエントロピーが増加する方向に変化するといいますが、具体的に、どのような場合にどの程度増加するのでしょうか？

図1はその様子を模式的に表したものです。(A)は系の絶対温度 T が低い場合です。系を構成する分子などの粒子は動きが少なく整然とした状態でいます。この系に熱 Q を加えれば粒子は運動を始め、整然状態が乱れます。つまり、エントロピーS は増加します。その増加分を ΔS_A としましょう

一方、図Bは系が高温状態のものです。高温ですから系はもともと乱雑状態です。この系に上と同じ熱量 Q を加えてみましょう。もちろん、系の乱雑さは増します。その増加分を ΔS_B としましょう。

ところでΔS_A と ΔS_B を比較すると、低温のΔS_A の方が大きいことがわかります。このことから、エントロピー変化量ΔS は式1で表すことができます。

2 熱の移動

冷たい物体に熱い物体を接します。当然ですが、冷たかった物体は熱くなり、熱かった物体の温度は下がります。これは熱が熱い物体から冷たい物体に移動したことを意味します。この逆の過程は決して起こりません。実はクーラーはこの逆の過程を起こす「魔法の機械」なのですが、電力を使います。したがってこれは自然が自発的に起こす変化ではありません。

自発的な熱移動が一方向にだけ起こるのはなぜでしょう。沸騰したお湯（絶対温度373度）に指（309度）を触れた場合を見てみましょう。熱はお湯から指に移動し、指は火傷します。移動した熱量を Q とすれば、お湯の状態ではエントロピーは $Q/373$ です。しかし指に移動すれば $Q/309$ となります。つまり、指に移動した方がエントロピーは増加するのです。すなわち、指の火傷は熱力学第二法則の結果なのです。

第7章 エントロピー

図1 エントロピー変化の模式図

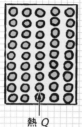
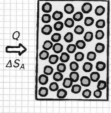
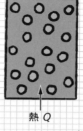
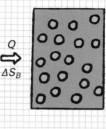

(A) 低温　　　　　　　　　　　　(B) 高温

$$\Delta S_A > \Delta S_B$$
$$\Delta S = \frac{Q}{T} \quad \cdots\cdots (1)$$

図2 指の火傷は熱力学第二法則のせい

$\Delta S > 0$

> 絶対温度は摂氏の温度に273度を足したものです。つまり
> 100℃(沸点)＝373度
> 36℃(体温)＝309度
> になります。

$$S_1 = \frac{Q}{373} \quad < \quad S_2 = \frac{Q}{309}$$

- 熱力学第二法則：自発的な変化はエントロピーの増加する方向に進行する。
- エントロピー S は、熱量 Q を絶対温度 T で割ったもので表される。$S = Q/T$

熱力学第三法則

エントロピーは乱雑さの尺度です。ところで $S=0$、すなわち、限りなく整然とした状態というのはどのような状態なのでしょうか？簡単です。純粋な物質からできた結晶の絶対温度０度の状態です。これを熱力学第三法則といいます。

それでは、エントロピーが増大する反応とはどのようなことをいうのでしょうか？具体的に見てみましょう。

○分子数の増加
分子 AB が分解して分子 A と B になれば、系を構成する粒子数が増え、それだけ乱雑さは増えます。

○分子構造を曲げる
長い構造の分子を曲げれば、角度の変化、回転等の新しい運動が発生し、その分乱雑さが増えます。

○結合の弱化
結合が弱まれば結合間隔が伸び、分子は変形しやすくなります。また結合の伸縮も起こりやすくなり、乱雑さは増えます。

○温度上昇
系の温度が上昇すれば、分子の構造変化、分子の移動など、分子の運動は激しくなり、乱雑さは増加します。

○体積膨張
体積が膨張すれば、それだけ分子の運動空間が増えることになり、乱雑さは増加します。

○状態変化
結晶が液体になれば自由運動が可能になり、気体になれば飛び回ることが可能になります。それだけ乱雑さは増加します。

○仕事による熱の発生
仕事というのはエネルギーを一定の方向に使って、ある作用をさせることです。つまり、エネルギーの自由度を制限することです。しかし、熱にはそのような制限はありません。つまり、仕事をした結果、熱が発生するのは、エネルギーが束縛から解放されたことであり、乱雑さの増加になっているのです。

第 7 章　エントロピー

図1　エントロピーが増大する反応

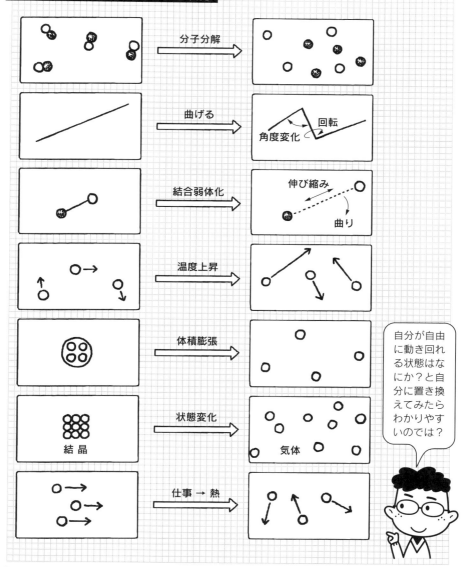

自分が自由に動き回れる状態はなにか？と自分に置き換えてみたらわかりやすいのでは？

 ●エントロピーが増加するのは次の場合などがある。
分子分解、分子構造複雑化、結合弱化、系の温度上昇、体積膨張、状態変化、仕事に伴う熱の発生

093

7-5 ギブズエネルギー

化学反応 A→B は、A が B に変化することを表します。可逆反応でない限り、B が A に変化することはありません。この反応はなぜ右方向にだけ進行するのでしょう？左方向に進行しないのはなぜでしょうか？

1 変化の方向

　化学反応は変化です。熱力学の法則に従えば、変化は純粋物質 A、B の絶対温度 0 度の結晶状態から出発して、エントロピーの S が増加する方向に変化していくはずです。

　つまり、純粋結晶の A と B が反応すれば、それぞれの結晶状態は温度上昇とともに崩れ、A、B の他にその化学反応から分子 AB などが生じます。つまり、新たな分子が生成して系の純粋性が崩れ、乱雑さが増えるのは熱力学第二法則の表れなのです。

　ところで、化学反応の方向を支配するもう一つの要素があります。それはエネルギー、すなわち定圧反応におけるエンタルピー H です。川の水が上流から下流に流れるように、反応も高エネルギー側から低エネルギー側に移動します（図1）。

　つまり、化学反応の方向を決める要素にはエンタルピー H とエントロピー S という相異なる二つの要素があるのです。

2 ギブズエネルギー

　この二つの要素をまとめて反応の方向を決定するのがギブズエネルギー G という量です。

　7-3 節の式（1）を見てください。エントロピーの変化量が熱量 Q によって表されています。Q は低圧反応ではエンタルピー変化量 ΔH に相当します。つまり ΔH は式（2）で表されることになります。

　この関係を用いれば、先ほど相異なる量と思ったエンタルピーとエントロピーを合体させることができます。それがギブズ（自由）エネルギー G であり、式（3）なのです（図2）。

　ギブズエネルギーを用いると、化学変化はギブズエネルギーの減少する方向に進行するということができるのです（次節図1参照）。

第7章　エントロピー

図1　化学反応の変化の方向

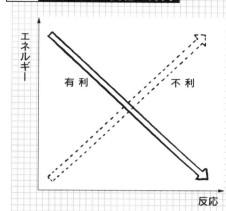 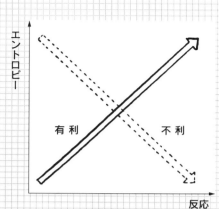

図2　ギブズエネルギー

$$\Delta S = \frac{Q}{T} \quad \cdots\cdots（第7-3節 式1）$$
$$Q = T\Delta S \quad \cdots\cdots (1)$$
$$\Delta H' = T\Delta S \quad \cdots\cdots (2)$$
$$\Delta G = \Delta H - \Delta H'$$
$$\quad = \Delta H - T\Delta S \quad \cdots\cdots (3)$$

ΔH と ΔS はそれぞれ反応を自分の思う方向に進めようとします。それを統一するのが ΔG です。

ポイント
- 化学反応の方向を決定するのはエンタルピーとエントロピーである。
- この両者をまとめた量がギブズエネルギーである。
- 化学反応はギブズエネルギーの減少する方向に進行する。

7-6 反応とギブズエネルギー

前説で定義したギブズエネルギーを用いれば、化学反応ギブズエネルギーの減少する方向に進行するということができます、具体的にはどういうことでしょうか？

1 吸熱反応が進行するのは？

炭が燃えるような発熱反応はエネルギー（エンタルピー）の高い不安定状態（C＋O_2）からエネルギーの低い安定状態（CO_2）に変化するものであり、感覚的に理解できます（図1参照）。

しかし、瞬間冷却パッドにおける硝酸ナトリウム $NaNO_3$ の溶解反応のような吸熱反応はなぜ進行するのでしょうか？エネルギー的には川の水が逆流するような無理な反応のはずです。

ここで大きく影響しているのはエントロピー変化です。結晶状態は整然状態であり、エントロピーは小さいです。しかし溶けて溶液状態になれば行動の自由度は増え、エントロピーは増大します。水分子の水和によって多少整然としますが、それ以上に行動の自由度が増えることが大きく効いたということでしょう（図2）。

2 平衡状態

反応には6-4節で見た可逆反応 A⇌B のように、右にも左にも進行するものがあります。この反応のギブズエネルギー G の変化はどうなっているのでしょうか？

図3はその変化を表したものです。横軸は反応の進行度、すなわちA、Bの割合を表します。図の左方はAが多く、右になるとBが多くなります。左端では G が多くなっています。そして右に行くほど減少します。つまり、この状態ではAはBに変化する。つまり反応は右に進行するのです。

しかしBの多い右方でもGは多くなっています。つまり、この状態では反応は左方に進行します。これが可逆ということです。しかし、グラフには極少点があります。これが平衡状態なのです。右に行っても左に行ってもGは上昇します。Gが極小の点、これが熱力学の観点から見た場合の平衡の条件なのです。そして、反応速度から見ると、この時点で左方向と右方向の反応速度が等しくなっているのです。

第7章　エントロピー

図1　Gと反応の方向

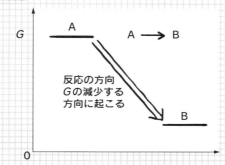

図2　エントロピー変化

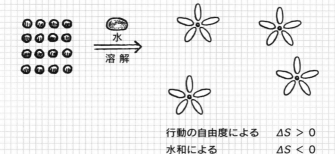

行動の自由度による　　$\Delta S > 0$
水和による　　　　　　$\Delta S < 0$

図3　平衡状態

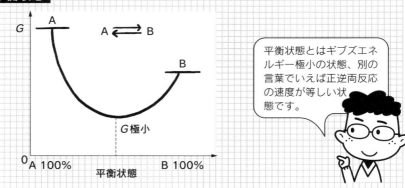

平衡状態とはギブズエネルギー極小の状態、別の言葉でいえば正逆両反応の速度が等しい状態です。

ポイント
- 反応はギブズエネルギーの減少する方向に進行する。
- 吸熱反応ではエントロピーの増加が反応を支配している。
- 平衡状態ではギブズエネルギーは極少となっている。

第8章
酸・塩基

「酸・塩基」は物質の種類です。それに対して「酸性・塩基性」は溶液の性質です。
酸性か塩基性かはpHを測定すればわかります。

8-1 酸・塩基とは

酸・塩基は科学の中でも特に重要な概念であり、物理化学はもとより、有機化学、無機化学、分析化学など科学のあらゆる分野で使われます。そのため、何種類かの定義が用意されています。

1 酸・塩基の定義

酸・塩基の定義には三種類がありますが、一種は特殊ですので、よく使われる二種類を紹介しましょう。

A アレニウスの定義

スウェーデンの化学者アレニウスが提唱したもので、水素イオン H^+ と水酸化物イオン OH^- を用いて定義します。最もよく知られた定義です。

酸：水に溶けて H^+ を出す物

　例：$HCl \rightarrow H^+ + Cl^-$

塩基：水に溶けて OH^- を出す物

　例：$NaOH \rightarrow Na^+ + OH^-$

塩酸 HCl は解離して塩化物イオン Cl^- とともに H^+ を出すので酸です。また、水酸化ナトリウム NaOH はナトリウムイオン Na^+ と共に OH^- を出すので塩基です。

B ブレンステッドの定義

デンマークの化学者ブレンステッドが提唱したもので、H^+ だけで定義します。水を使わない定義なので有機学でよく使われます。

酸：H^+ を出す物

　例：$CH_3COOH \rightarrow CH_3COO^- + H^+$

塩基：H^+ を受け取る物

　例：$NH_3 + H^+ \rightarrow NH_4^+$

酢酸 CH_3COOH は酢酸イオン CH_3COO^- とともに H^+ を出すので酸です。一方、アンモニア NH_3 は H^+ と結合してアンモニウムイオン NH_4^+ となるので塩基です。

2 酸・塩基の実例

酸・塩基には多くの種類があります。主な物を表にまとめました。H^+ を1個出す酸を一塩基酸、2個出す酸を二塩基酸、OH^- を1個出す塩基を一酸塩基、2個出すものを二酸塩基などと呼びます。

図1 酸と塩基の化学式と化学反応

		名称	化学式	構造式	反応	強弱*
酸	一塩基酸	塩酸	HCl		HCl ⟶ H$^+$ + Cl$^-$	強
		硝酸	HNO$_3$	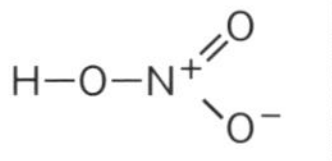 H—O—N$^+$(=O)(O$^-$)	HNO$_3$ ⟶ H$^+$ + NO$_3^-$	強
		酢酸	CH$_3$COOH	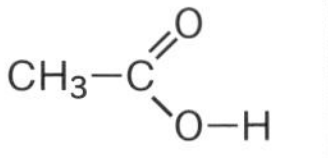 CH$_3$—C(=O)—O—H	CH$_3$COOH ⟶ H$^+$ + CH$_3$COO$^-$	弱
	二塩基酸	炭酸	H$_2$CO$_3$	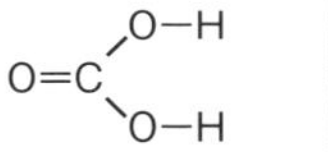 O=C(O—H)(O—H)	H$_2$CO$_3$ ⟶ H$^+$ + HCO$_3^-$ HCO$_3^-$ ⟶ H$^+$ + CO$_3^{2-}$	弱
		硫酸	H$_2$SO$_4$	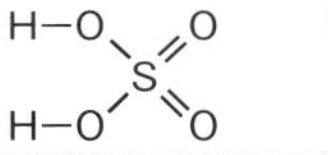 H—O—S(=O)(=O)—O—H	H$_2$SO$_4$ ⟶ H$^+$ + HSO$_4^-$ HSO$_4^-$ ⟶ H$^+$ + SO$_4^{2-}$	強
		亜硫酸	H$_2$SO$_3$	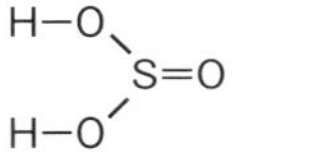 H—O—S(=O)—O—H	H$_2$SO$_3$ ⟶ H$^+$ + HSO$_3^-$ HSO$_3^-$ ⟶ H$^+$ + SO$_3^{2-}$	強
	三塩基酸	リン酸	H$_3$PO$_4$	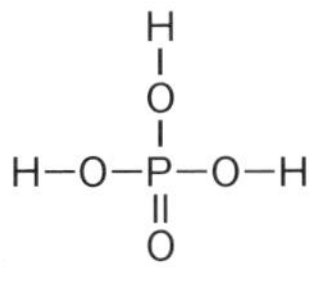 H—O—P(=O)(O—H)—O—H	H$_3$PO$_4$ ⟶ H$^+$ + H$_2$PO$_4^-$ H$_2$PO$_4^-$ ⟶ H$^+$ + HPO$_4^{2-}$ HPO$_4^{2-}$ ⟶ H$^+$ + PO$_4^{3-}$	強
塩基	一塩基酸	アンモニア	NH$_3$	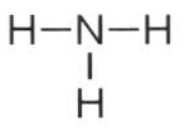 H—N(H)—H	NH$_4$OH ⟶ NH$_4^+$ + OH$^-$	弱
		水酸化ナトリウム	NaOH		NaOH ⟶ Na$^+$ + OH$^-$	強
	二塩基酸	水酸化カルシウム	Ca(OH)$_2$		Ca(OH)$_2$ ⟶ Ca^{2+} + 2OH$^-$	弱

* 強：強酸 or 強塩基　　弱：弱酸 or 弱塩基

- アレニウスの定義は酸、塩基を H$^+$ と OH$^-$ を使って定義する。
- ブレンステッドの定義は酸、塩基を H$^+$ だけで定義する。
- 酸、塩基にはそれぞれ H$^+$、OH$^-$ を複数個出すものがある。

8-2 酸性・塩基性

H⁺の多い溶液を酸性といい、OH⁻の多い溶液を塩基性といいます。酸・塩基は物質の種類でしたが、酸性・塩基性は溶液の性質であることに注意してください。

1 水の分解

水 H_2O はほんの一部ですが、分解して H^+ と OH^- になります。H^+ の濃度 $[H^+]$ と OH^- の濃度 $[OH^-]$ の積は温度が一定ならば常に一定であり、25℃で 10^{-14} $(mol/L)^2$ です。これを水のイオン積といいます。

中性の水には $[H^+]$ と $[OH^-]$ が同濃度含まれますから、それぞれの濃度は $\sqrt{10^{-14}} = 10^{-7}$ (mol/L) となります。これが後に見る中性状態は pH = 7 であるということの根拠になります(図１)。

2 酸性・塩基性

酸の溶けた水溶液では、酸から H^+ が出ますから、水から出た $[H^+]$ と合わさって $[H^+]$ が高くなります。このような状態を酸性といいます。一方、塩基の溶けた溶液では $[OH^-]$ が高くなります。このような状態を塩基性といいます(図２)。

3 酸・塩基の強さ

酸・塩基には強いもの(強酸、強塩基)と弱いもの(弱酸、弱塩基)があります。強いものはそれぞれ H^+ や OH^- をたくさん出すものであり、弱いものは少ししか出さないものです。

H^+ をたくさん出すというのは、１個の酸分子が何個もの H^+ を出すという意味ではありません。酸 HA は分解して H^+ を出しますが、この分解は100%起こるとは限りません。HA は強酸であり100%分解するとしましょう。すると100個の HA 分子から100個の H^+ が出ます。溶液は強い酸性になります。

しかし弱酸 HB は10%しか分解しなかったとしましょう。するとたとえ100個の HB が存在しても、出てくる H^+ はわずか10個だけということになります。溶液の酸性は弱いでしょう(図３)。

つまり、溶液の酸性度は酸の濃度によるのではなく、あくまでも酸から発生した H^+ の濃度によって決まるのです。

第8章 酸・塩基

図1　水の分解

$$H_2O \rightleftarrows H^+ + OH^-$$

$$[H^+][OH^-] = 10^{-14} (mol/L)^2 = K_w \quad \text{水のイオン積 (1)}$$

中性の水
$$[H^+] = [OH^-] = \sqrt{10^{-14}} (mol/L) = 10^{-7} (mol/L)$$

図2　酸性と塩基性

名　称	酸　性	中　性	塩基性
H⁺の数	H⁺　H⁺　H⁺ OH⁻ H⁺ H⁺ H⁺ H⁺ OH⁻ H⁺ H⁺　H⁺　H⁺	H⁺　OH⁻ OH⁻ H⁺ H⁺ OH⁻ OH⁻ H⁺ OH⁻	OH⁻　OH⁻ OH⁻ H⁺ OH⁻ OH⁻ OH⁻ OH⁻ H⁺ OH⁻ OH⁻　OH⁻
定説的表現	H⁺がOH⁻より多い	H⁺とOH⁻が同じ	H⁺がOH⁻より少ない

図3　強酸（HA）と弱酸（HB）の強さ

$$HA \xrightarrow{100\%} H^+ + A^-$$
100個　　　　　　100個

$$HB \xrightarrow{10\%} H^+ + B^-$$
100個　　　　　　10個

HAは強酸なので100%分解しますが、HBは弱酸なので10%しか分解しません。

- 水は分解してH⁺とOH⁻になる。[H⁺]と[OH⁻]の積を水のイオン積という。
- 酸が溶けて[H⁺]が[OH⁻]より大きい状態を酸性という。
- 強酸は多く分解して多くの[H⁺]を出す。

8-3 水素イオン指数

溶液が酸性か塩基性かを表す指標に pH（ピーエッチ、あるいはペーハー）があります。便利な指標ですが、指数や対数を用いているので、慣れないと誤解するかもしれません。

1 [H⁺] と [OH⁻]

溶液の性質が酸性なのか塩基性なのかを調べるためには [H⁺] と [OH⁻] を測定して、どちらがどれだけ多いのかを調べればわかります。しかし、前節で見たように [H⁺] と [OH⁻] の積は一定なのですから、[H⁺] か [OH⁻] のどちらかを計ればもう片方は自動的にわかります。そこで化学者が相談して [H⁺] を計ることに決めました。

2 水素イオン指数

水素イオンの濃度は非常に小さいです。つまり [H⁺] = 0.0000001（mol/L）のようなものです。0 の個数を数え間違えると大変なことになります。このような数値を表すには対数表現を用いて、$\log[H^+] = \log 10^{-8} = -8$ と表すと便利です。これは便利ですが、[H⁺] は小さい値ですから、常に数字の前に－（マイナス）がつきます。これを消すためには、この数字に－を掛ければよいのです。このようにして定義されたのが pH です（図1）。

$$pH = -\log[H^+]$$

3 pH で注意すべきこと

上で見た pH の定義によって、次の注意事項が発生します。それは
① pH の数値が1違うと [H⁺] は10倍違う
② 数値の小さい方が [H⁺] が高い、すなわち強酸性
③ 中性の溶液は $pH = -\log 10^{-7} = 7$ である
ということです。

身の回りの物質のおよその pH を図2に示しました。酸性の物質はレモンや梅干しなどいろいろありますが、塩基性の物質は限られます。セッケンというのは昔ながらの固形石鹸のことであり、家庭で洗濯に使う中性洗剤は中性であって塩基性ではありません。植物を燃やすと中に含まれるカリウム K 等の金属が酸化物となって、灰として残ります。これを水に溶かすと強塩基の水酸化カリウム KOH となるので、灰の水溶液である灰汁（あく）は塩基性なのです。

第 8 章 酸・塩基

図1　水素イオン濃度と pH

$$pH = -\log[H^+]$$

数値の小さい方が$[H^+]$が濃い
数値は1大きくなると濃度は$\frac{1}{10}$になる

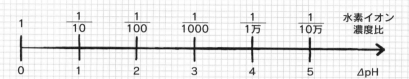

図2　身の回りの物質の pH

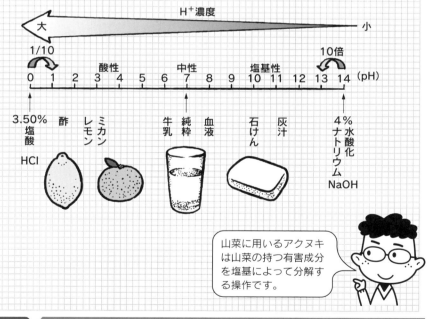

山菜に用いるアクヌキは山菜の持つ有害成分を塩基によって分解する操作です。

- 酸性溶液は $[H^+]$ が多く、塩基性溶液は $[OH^-]$ が多い。
- pH が1違うと $[H^+]$ は10倍違い、数値の小さい方が強酸性。
- 中性は pH＝7。

8-4 中和と塩

酸と塩基の間で起こる反応を中和反応といいます。中和反応で生じる生成物のうち、水以外のものを塩（えん）といいます。塩には中性、酸性、塩基性のものがあります。

1 中和反応

酸（一般式 HA）と塩基（一般式 BOH）の間で起こる反応を中和（反応）といいます。この反応では反応式に示したように水 H_2O とともに生成物 AB が生じます。この AB を一般に塩（えん）と呼びます（図1）。

塩酸 HCl と水酸化ナトリウムが反応すると水と共に塩化ナトリウム NaCl が生じます。NaCl は一般に塩（しお）あるいは食塩と呼ばれますが、それは不十物を含んだ物質の一般名であり、純粋な NaCl の化学名は塩化ナトリウムです。そしてこれは塩（えん）の一種なのです。

中和反応は一般に発熱を伴った激しい反応です。中和反応を行うときには事故の起きないように十分な注意をすることが必要です。

2 塩の性質

一般に塩は水に溶けやすいです。塩の水溶液の酸性度はいろいろです。中性のもの、酸性のもの、塩基性のものがあります。塩化ナトリウム NaCl は中性の塩の代表のようなものです。

どのような塩が中性であり、どのような塩が酸性、あるいは塩基性なのでしょうか？その見極めは簡単です。

塩は水に溶けると元の酸と塩基に戻ります。もし塩が強酸と強塩基の反応からできたものだったら、水に溶けると元の強酸と強塩基になります。その結果、溶液の性質は強酸と強塩基の綱引きになり、相打ちになって中性となるというものです。

塩化ナトリウム NaCl は強酸の塩酸 HCl と強塩基の水酸化ナトリウム NaOH からできた塩なので中性なのです。それに対して弱酸の酢酸 CH_3COOH と強塩基の NaOH からできた酢酸ナトリウム CH_3COONa は塩基性です。反対に強酸の HCl と弱塩基のアンモニア NH_3 からできた塩酸アンモニウム NH_4Cl は酸性です（図2）。

このように、塩の性質は反応した酸、塩基のうち、強い方の性質が残ると考えるとわかりやすいでしょう。

第8章 酸・塩基

図1 中和反応

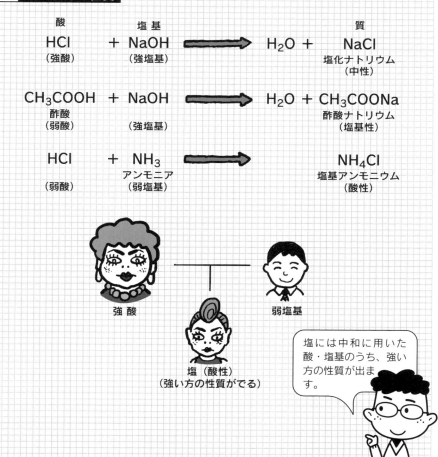

図2 塩の反応と性質

ポイント
- 酸と塩基の間の性質を中和という。一般に激しい反応である。
- 中和で生じる生成物のうち、水以外のものを塩（えん）という。
- 塩の性質は原料である酸、塩基のうち、強い方の性質が表れる。

8-5 酸・塩基と環境

環境は時々刻々変化しています。その変化の大部分は化学反応によるものです。環境に大きな影響を与える物に酸・塩基の問題があります。いったいどのようなことなのでしょう？

1 酸性酸化物・塩基性酸化物

元素には、その酸化物を水に溶くと酸性になる物と塩基性になるものがあります。それぞれを酸性酸化物、塩基性酸化物といいます。

元素には金属元素と非金属元素がありますが、一般に金属元素は酸化されると塩基性酸化物を与えます。先に見たカリウムはその一例です。

それに対して炭素 C は酸性酸化物を与えます。炭素が酸化されると二酸化炭素 CO_2 となりますが、これは水に溶けると炭酸 H_2CO_3 という酸になるのです（図1）。窒素 N、イオウ（硫黄）S、リン P 等の非金属元素も同様に酸性酸化物を与えます。

2 ソックス・ノックス

イオウ S の酸化物である二酸化イオウ SO_2 を水に溶かすと亜硫酸 H_2SO_3 という強酸になります。イオウの酸化物には SO、SO_3、S_2O_7 などいろいろのものが知られていますが、これらを総称して SOx（ソックス）と呼びます（図2）。これはイオウ S が適当な個数 x 個の酸素と結合したものという意味です。ソックスは全て酸性酸化物であり、水に溶けると酸になります。

同様に窒素 N の酸化物は NOx（ノックス）と呼ばれ、酸性酸化物です（図3）。

3 酸性雨

雨は上空で発生した水滴が空気中を落下してきたものです。落下する間に大気中に含まれる二酸化炭素を吸収します。二酸化炭素は雨の水と反応して酸、炭酸になります。そのため、全ての雨は pH＝5.6程度の酸性になります。

一般に酸性雨というのはこれより酸性度の高い雨のことをいいます。その原因は大気中に含まれるソックスやノックスなどの酸性酸化物です。これらは石油、石炭などの化石燃料に含まれるイオウ分や窒素分が酸化されることによって生じたものと考えられています。酸性雨は戸外の金属を錆びさせるだけでなく、森林を枯渇させて洪水の原因となり、地表の肥沃土を流失して砂漠にするなど、深刻な害を与えるといいます。

第8章 酸・塩基

図1　塩基性酸化物と酸性酸化物

$4Na + O_2 \Longrightarrow 2Na_2O$
酸化ナトリウム（塩基性酸化物）

$Na_2O + H_2O \Longrightarrow 2NaOH$
水酸化ナトリウム（強塩基）

$S + O_2 \Longrightarrow SO_2$
二酸化イオウ（酸性酸化物）

$SO_2 + H_2O \Longrightarrow H_2SO_3$
亜硫酸（強酸）

図2　SOx（ソックス）の例

酸化数	+2	+4	+6	+7	+8
化学式	SO	SO_2	SO_3	S_2O_7	SO_4
性質	無色	無色	白色	無色	白色
	気体	気体	固体	油状	固体

図3　NOx（ノックス）の例

酸化数	+1	+2	+3	+4	+5
化学式	N_2O	NO	N_2O_3	NO_2 N_2O_4	N_2O_5
性質	無色	無色	赤褐色	黄色	無色
	気体	気体	気体	液体	固体

全ての雨は弱酸性です。酸性の特に強い雨を酸性雨といいます。

- 金属は酸性酸化物を与え、非金属は酸性酸化物を与える。
- イオウ酸化物をソックス、窒素酸化物をノックスという。
- 酸性雨はソックスやノックスが原因となって起こる。

109

8-6 酸・塩基と生体

酸・塩基は生体とも大きな関係があります。生体の棲む環境には酸も塩基もあります。生体はそれらを吸収し、摂取して生きています。どのように対処しているのでしょうか？

1 緩衝液

　中性の水に酸を加えれば酸性となり、塩基を加えれば塩基性となります。ところが生体の体液は酸を加えても、塩基を加えてもpHがほとんど変化しないのです。このような溶液を一般に緩衝（かんしょう）液といいます。どのような仕組みなのでしょうか？

　大量の弱酸とその塩を含む溶液、たとえば酢酸と酢酸ナトリウムの溶液を考えてみましょう（図1）。酢酸は弱酸ですからほとんど解離しません（式1）。一方、酢酸ナトリウムは塩なのでほとんどが解離します（式2）。その結果、系内には大量の酢酸と酢酸イオンが存在することになります。

　ここに酸H^+を加えてみましょう。H^+は酢酸イオンと反応して酢酸になってしまいます（式3）。すなわちH^+は消失します。塩基OH^-を加えたら酢酸が反応して酢酸イオンと水になります（式4）。つまり、酸を加えても塩基を加えても影響は出ないということになるのです。

2 酸性食品・塩基性食品

　食品には酸性食品と塩基性食品があります。レモンや梅干しは酸っぱくて酸性ですが、塩基性食品として分類されます。肉や魚は中性ですが酸性食品です。なぜでしょうか？

　食品の酸性・塩基性は、その食品を燃したとき、すなわち体内で代謝したときに出る生成物の酸性・塩基性によって決めるのです。先に見たように、植物の中にはミネラルと呼ばれる金属イオンが含まれています。金属は燃えると塩基性酸化物となりますから、植物は塩基性食品なのです。

　一方、肉類はタンパク質なのでアミノ酸を構成する窒素や硫黄を含んでいます。これらは酸性酸化物を与えるので、肉類は酸性食品なのです。

　でも安心してください。私たちの体は緩衝液の体液で満たされています。酸性食品を食べようと塩基性食品を食べようと、それで体のpHが変わるほどヤワにはできていないのです。

第8章 酸・塩基

図1　緩衝液のしくみ

$$CH_3COOH \rightleftharpoons CH_3COO^- + H^+ \quad (1)$$
酢酸　　　　　　　　　　酢酸イオン

$$CH_3COONa \rightleftharpoons CH_3COO^- + Na^+ \quad (2)$$
酢酸ナトリウム

H^+ を加える
$$H^+ + CH_3COO^- \longrightarrow CH_3COOH \quad (3)$$
H^+ が消失する

OH^- を加える
$$OH^- + CH_3COOH \longrightarrow CH_3COO^- + H_2O \quad (4)$$
OH^- が消失する

酸性食品、塩基性食品は味で決めるのではありません。燃えた結果、できるもので決めるのです。

図2　食品の酸性・塩基性

スッパイけれど塩基性

レモン　　ウメボシ

エ〜ッ！ぼくって酸性なの？

- 体液を作る緩衝液の pH は酸にも塩基にも影響されない。
- 食品の酸性塩基性は代謝されたのちの生成物の性質で決める。
- 生体の pH は食品の酸性・塩基性に影響されない。

第 9 章
酸化・還元

酸化・還元反応は酸素が関係する反応だけではありません。多くの反応が酸化・還元反応の一種なのです。そして生物は酸化・還元反応のエネルギーによって生きているのです。

9-1 酸化・還元とは

化学反応には多くの種類がありますが、酸化・還元はその中で最も基本的であり、同時に重要な反応です。生体も酸化・還元反応によって生命を維持しているのです。

1 酸化する・される

酸化・還元反応は単純でわかりやすい反応です。しかし言葉で考えようとするとややこしくなります。その原因の一つは日本語にあります。

a「包丁が酸化した」、b「酸素が包丁を酸化した」。両方とも日常で使ういい回しです。そして同じことをいっています。しかし何か変ではありませんか？

aでは"酸化する"という動詞は自動詞として使われています。要するに包丁が自分で勝手に酸化して錆びたのです。それに対してbの"酸化する"は他動詞として使われています。この例では"包丁"と"酸素"がどのようなものか知っていますから、どちらのいい方でも意味は通じます。しかし次の例ではどうでしょうか？

「Aが酸化した」。Aは自分で勝手に酸化して自分自身が錆びたのでしょうか？それともAが何かを酸化して錆びさせたのでしょうか？

そこで、化学では「酸化する」という動詞を専ら他動詞としてのみ用いることにします。すると上のaは「包丁が酸化されて錆びた」と受動態として表現されることになります。

2 酸化・還元反応と電子

酸化・還元反応というと反射的に酸素が関係した反応を思い出すのではないでしょうか？もちろんそれは間違いではありません。しかし、酸化・還元反応はそれだけではありません。酸素の関係する反応は酸化・還元反応のほんの一部に過ぎません。それどころか、ほとんどの反応が酸化反応か還元反応かのどちらかに分類することができるのです。

酸化・還元反応の本質は電子との反応です。電子を放出するか？、それとも電子を受け取るか？これによって酸化・還元が決まるのです。電子で考えれば単純な反応です。しかし、いろいろな原子、分子が絡んでくると、話がヤヤコシクなってきます。そのための助っ人が次節で見る酸化数なのです。

第9章 酸化・還元

図1 化学では被害者（？）表現になる

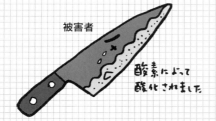
被害者

加害者（酸素）

酸化・還元反応では酸化するものとされるもの、還元するものとされるものを考えることが大切です。

身の周りの酸化・還元反応

　私たちの身の周りには常に化学反応が起きています。そして、多くの反応では原子が酸化されたり、還元されたりしています。すなわち、ことさらに酸化・還元反応といわなくても酸化・還元反応であることが多いのです。

　化学カイロが熱くなるとき、その内部では鉄粉が酸化されています。自動車が走っているとき、エンジンでは炭化水素のガソリンが酸化されて二酸化炭素になっています。果物が実るとき、葉緑体の中では二酸化炭素が還元されて糖になっています。それを食べた小鳥がさえずるとき、その体内では糖が酸化されて二酸化炭素になっているのです。

　蛇口をひねれば清潔な水道水が流れ出ます。この水はカルキ（次亜塩素酸カルシウム（Ca（ClO)$_2$））による還元によって殺菌されています。洗濯機の脇には還元漂白剤が置いてあるのではないでしょうか？還元漂白剤は汚れを還元することによって脱色（漂白）しているのです。

- 「酸化する」という動詞は自動詞にも他動詞にもなる。
- 化学では「酸化する」という動詞はもっぱら他動詞として用いる。
- 酸化・還元反応の本質は電子の授受である。

9-2 酸化数の決め方

ある反応において、ある原子、分子が酸化されたのか、それとも還元されたのか？決めることが難しい場合があります。そのような場合に決定的に役立つのが酸化数です。酸化数の決め方を見てみましょう。

A 単体を構成する原子の酸化数は0である

(以下、カッコ内は原子の酸化数)

例：H_2の $H(0)$、O_2の $O(0)$、O_3の $O(0)$

酸素分子 O_2 とオゾン分子 O_3 は共に同素体である。

B イオンの酸化数は電荷に等しい

例：$H^+(1)$、$Cl^-(-1)$、$Fe^{2+}(+2)$、$Fe^{3+}(+3)$

同じ原子が複数個の酸化数を取ることはよくある。SOx や NOx における S、N はその例である。

C 分子中における水素原子、酸素原子の酸化数をそれぞれ+1、-2とする

例：水分子 H_2O における $H(+1)$、$O(-2)$

例外もある、水素化ナトリウム NaH では $Na(+1)$、$H(-1)$。

D 共有結合でできた化合物では、2個の結合電子は電気陰性度の大きい原子に属するものとしてBの基準を用いる

例：ClF。Cl と F の電気陰性度はそれぞれ3.0、4.0であり、F の方が大きい。そのため、F が2個の電子を取ったものと考えるとそれぞれの原子は Cl+1、F-1となる。その結果、酸化数は $Cl(+1)$、$F(-1)$ となる。

E 電気的に中性な化合物では、化合物を構成する全原子の酸化数の総数は0である

この約束に従うと、多くの原子の酸化数を決定することができる。

例：・二酸化炭素 CO_2 における C の酸化数を x とすると、

$x+(-2)\times 2=0$ となって、C の酸化数は +4 となる。

・一方メタン CH_4 における C の酸化数を x とすると $x+1\times 4=0$ となり、C の酸化数は -4 となる。

・NH_4^+ の N の酸化数を x とすると $x+4=1$ ∴ $x=-4$

・NF_4^+ の N の酸化数を x とすると $x-4=1$ ∴ $x=+4$

注：N と F では F の方が電気陰性度が大きいので F は F^- となる。

第9章 酸化・還元

図1 酸化数の決め方

A 単体の酸化数：( )は酸化数

(0) (0)　　(0) (0)　　(0) (0)　　(0) (0) (0)
H－H　　O＝O　　N≡N　　O＝O$^+$－O$^-$
　　　　　　　　　　　　　　　　形式的な荷電は無関係

B イオンの酸化数は荷電数

(0) $\xrightarrow{-e^-}$ (+1)　　(0) $\xrightarrow{-e^-}$ (−1)　　(0) $\xrightarrow{-2e^-}$ (+2)
H　　　　　H$^+$　　Cl　　　　Cl$^-$　　Fe　　　　Fe^{2+}

C 水素、酸素の酸化数、はそれぞれ＋1、−2

(+1)(−2)
H$_2$O

例外 →　(+1)(−1)(−1)(+1)　　(+1)(−1)
　　　　H－O－O－H　　　　Na H
　　　　過酸化水素 H$_2$O$_2$　　水酸化ナトリウム
　　　　　　　　　　　　　　Naの方が電気陰性度小

D 共有結合性分子では電気陰性度の大きい方が－となる

(+1)(−1)　　(+2)(−1)　　(+1)(−1)
Na H　　　Ca H$_2$　　Cl F

E 電気的に中性な分子では原子の酸化数の総和＝0

(+1)
　H
(+1) | (+1)
H－N－H　　　　$x+4=0$　∴ $x=-4$
　|
　H
(+1)

(+1)(−2) (x)　(−2)
H－O－N　O　　　$x+1+(-2)\times3=0$　∴ $x=5$
　　　　(−2)
　　　　O
硝酸

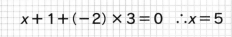

酸化還元反応では各原子の酸化数を計算するとよくわかります。

- 酸化数はイオンの電荷数と似ている。
- 分子 AB では電気陰性度の大きい原子が－、小さい方が＋になる。
- 電気的に中性な分子では構成原子の酸化数の総量は 0 となる。

117

9-3 酸化数と酸化還元

前節で求めた酸化数を用いると、いろいろな反応において各原子が酸化されたのか、あるいは還元されたのかを簡単明瞭に決めることができます。

1 酸化数の増減

ある反応 A→B において A は酸化されたのか？それとも還元されたのか？これが酸化・還元反応における中枢的な問題です。しかし、酸化数を用いれば簡単明瞭に応えることができます。

① A の酸化数が増加した：A は酸化された。
② A の酸化数が減少した：A は還元された。

これだけの話です。

炭素 C が燃えて二酸化炭素 CO_2 になります。それに伴って炭素の酸化数は 0 から +4 に増えています。したがってこの反応において炭素は酸化されています。また、別の反応では炭素が水素と反応してメタン CH_4 になりました。C の酸化数は 0 から -4 に減少しています。つまり、この反応では炭素は還元されているのです。

2 有機化合物と酸化還元

酸化・還元反応は無機物の反応であり、有機化学反応とは異なる反応と思ったら大きな間違いです。有機化学反応では"反応の仕分け"として酸化・還元反応を用いないだけで、実際には酸化・還元反応が頻繁に起こっています。

有機化学反応の基礎中の基礎として、①炭素 C が水素 H と反応してメタン CH_4 となる。②メタンが酸素と反応してメタノール CH_3OH となる。③メタノールが酸素と反応しホルムアルデヒド HCHO となる。④ホルムアルデヒドが酸素と反応して蟻酸 HCOOH になる。⑤蟻酸が反応して一酸化炭素 CO となる。⑥一酸化炭素が二酸化炭素 CO_2 となる。
という一連の反応があります。

この反応において炭素の酸化数がどのように変化しているかを示したのが図 1 です。つまり反応①→⑥になるにつれて炭素の酸化数は増加している、つまり炭素は酸化されているのです。反対に反応⑥→①になるにつれて炭素の酸化数は減少しています。つまり炭素は還元されているのです。

図1 炭素の酸化と還元

A ⟶ B において
Aの酸化数増加：Aは酸化された
Aの酸化数減少：Aは還元された

① C + 4H ⟶ $\overset{(-4)}{CH_4}$ メタン
$x + 4 = 0$ ∴ $x = -4$

② CH_4 ⟶ $\overset{(-2)}{CH_3OH}$ メタノール
$x + 3 - 2 + 1 = 0$ ∴ $x = -2$

③ CH_3OH ⟶ $H-\overset{(0)}{C}\overset{O}{\underset{H}{\diagdown}}$ ホルムアルデヒド
$x + 1 - 2 + 1 = 0$ ∴ $x = 0$

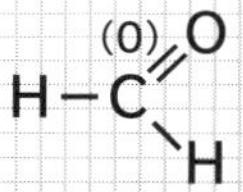

④ H−CHO ⟶ $\overset{(2)}{H-COOH}$ 蟻酸
$x + 1 - 2 - 2 + 1 = 0$ $x = 2$

⑤ H−COOH ⟶ $\overset{(2)}{C=O}$ 一酸化炭素
$x - 2 = 0$ ∴ $x = 2$

⑥ C=O ⟶ $\overset{(4)}{O=C=O}$ 二酸化炭素
$x - 4 = 0$ ∴ $x = 4$

（右側：上向き「還元された」／下向き「酸化された」）

炭化水素→アルコール→アルデヒド→カルボン酸
有機物はこの順で酸化されていきます。

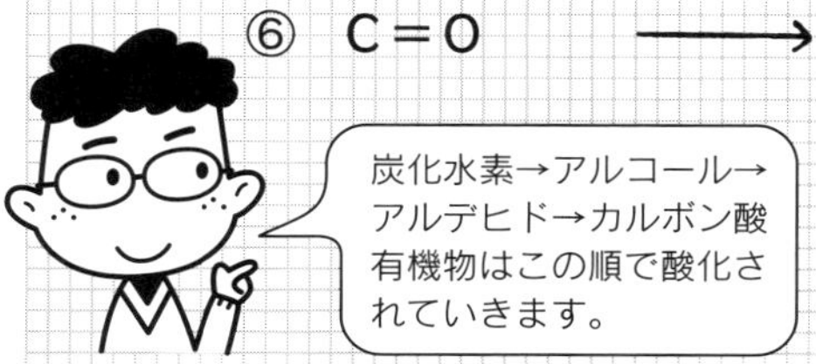

ポイント
● 原子Aの酸化数が増加したらAは酸化されたのであり、減少したらAは還元されたのである。
● CH_4がCO_2に変化する過程で炭素原子は徐々に酸化されている。

9-4 酸化・還元と電子授受

前節で見た通り、原子の酸化・還元には酸素が関与するとは限りません。つまり、酸化・還元反応は酸素が関与しなくても進行するのです。それでは酸化・還元反応とはどのような反応なのでしょうか？

1 酸化数の増減と電子移動

酸化数の変化は電子数の変化を表しています。つまり
・酸化数が増加する＝電子数が減少する
・酸化数が減少する＝電子数が増加する
ということです。

つまり、酸化・還元反応は電子授受の反応なのです。
・電子を放出したらその原子は酸化されたことになります。反対に
・電子を受け入れたらその原子は還元されたことになります。
ですから、
・原子が陽イオンになることは酸化されることであり、反対に
・原子が陰イオンになることは還元されることなのです。

2 酸化・還元は電子移動反応

炭素Cが酸素Oと結合したとしましょう。結合C-C間には2個の結合電子が存在します。電気陰性度は炭素が2.5、酸素が3.5で酸素の方が大きいです。ということは、結合電子は酸素の側に引かれることになります。この結果、酸素はマイナスに荷電し、炭素はプラスに荷電します。つまり、炭素は電子が少なくなったので酸化されたことになります。

このことから、［酸化される＝酸素と結合すること］という、よく知られた命題が出てくるのです。

C-H結合を見てみましょう。水素の電気陰性度は2.1です。結合電子は炭素の側に行きます。炭素の電子は増えることになるので、炭素は還元されたことになります。つまり［還元される＝水素と結合すること］という命題が出てきます。

結論としては、どのような原子と結合したにしろ、電子数が減少したらその原子は酸化されたのであり、電子数が増加したら還元されたのです。これが酸化・還元反応の本質なのです。

第9章 酸化・還元

図1 酸化・還元反応は電子授受の反応

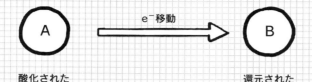

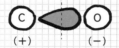：酸化還元は起きていない

結合電子雲
左右対称

：Cが酸化されている

（＋） （－）

：Cが還元されている

（－） （＋）

> 共有結合は結合する2個の原子が2個の結合電子を共有することで成立します。しかし2個の原子は結合電子を平等に分け合うわけではありません。どちらかが電子を自分の方に引き寄せることがあります。そのようなときには酸化・還元が起きます。

- 酸化・還元反応の本質は電子授受反応である。
- 電子を失ったら酸化された、電子を得たら還元されたことになる。
- 電気陰性度の大きい酸素原子と結合したら酸化されたことになる。

酸化剤・還元剤

相手を酸化する物を酸化剤、相手を還元する物を還元剤といいます。酸化・還元反応は電子の授受ですから、電子を奪いやすいものが酸化剤、電子を放出しやすいものが還元剤ということになります。

1 酸化剤と還元剤の関係

AがBから酸素を奪ったとしましょう。Bの電子数は減りますから、Bは酸化されたことになります。上の反応でAの電子数は増えています。つまりAは還元されたことになります。

このように酸化と還元は同時に起こっているのです。酸化・還元反応をする2個の原子、分子のうち、片方が酸化されたら、もう片方は必ず還元されています。酸化・還元は電子の授受、移動なのですから、片方が電子を失えばもう片方がその電子を得ているに決まっているのです。

ところで、AはBを酸化したのだから、酸化剤ということになります。同様にAを還元したのはBですから、Bは還元剤ということになります。そして、酸化剤は反応を行うと自身は還元され、還元剤は酸化されることになります。

なにやらヤヤコシイかもしれませんが、A君がB子さんに酸素をプレゼントしたとしましょう。A君はB子さんを酸化したので酸化剤であり、自分は酸素を失ったので還元されたことになります。反対にB子さんはA君を還元したので還元剤であり、自分は酸化されたことになるのです。

2 酸化剤・還元剤の能力

酸化剤は相手を酸化するものですから、①相手から電子を奪うもの、あるいは②相手を酸素と結合させるもの、あるいは③相手から水素を奪うものなどということになります。反対に還元剤は相手を還元するものですから、④相手に電子を与えるもの、⑤相手から酸素を奪うもの、⑥相手を水素と結合させるもの、ということになります。

①の能力を持つものは自分自身が陰イオンになりやすいもの、②は酸素を放出しやすいもの、③は自分自身が水素と結合しやすいものということになります。同様に④の能力を持つものは自分自身が陽イオンになりやすいもの、⑤は自分自身が酸素と結合しやすいもの、⑥は水素を放出しやすいもの、ということになります。

第9章　酸化・還元

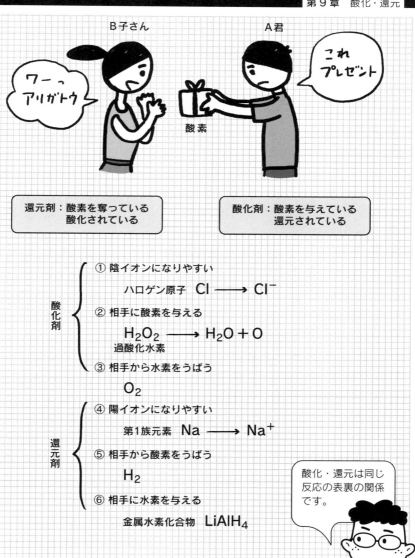

|ポイント|●酸化と還元は同じ反応の裏表の関係にある。
●相手を酸化する物が酸化剤、相手を還元する物が還元剤。
●酸化剤は自分自身は酸化され、還元剤は自分自身は酸化される。|

9-6 身の周りの酸化・還元反応

酸化・還元反応の典型は金属の錆びる反応です。しかしそれ以外にも多くあります。漂白剤の反応はその典型でしょう。しかし、私たちの生命に関するところでも起こっているのです。

1 漂白剤

漂白剤は汚れでくすんだ衣服などを、元の白色や鮮やかな色彩に戻す物質です。漂白剤の働きは汚れの元になる物質を分解することです。分解にはいろいろの方法がありますが、その一つが酸化・還元反応です。

家庭にある漂白剤は酸化反応を用いる漂白剤が多いようです。この漂白剤には次亜塩素酸カリウム KClO が含まれています。この物質は分解して塩素原子 Cl を発生します。前章で見たように Cl は陰イオンの塩化物イオン Cl^- になりやすいので、汚れ物質から電子を奪い、酸化して分解するのです。

なお、KClO はトイレ洗剤などに含まれる塩酸 HCl などの酸とあうと猛毒の塩素ガス Cl_2 を発生するので、取り扱いには注意が必要です。

2 代謝

動物は、一般にデンプンやグルコース（ブドウ糖）などと呼ばれる炭水化物 $C_n(H_2O)_{n-1}$ を摂取し、それを代謝することによって生命活動に必要なエネルギーを得ています。代謝というのは、原料分子を酸化して二酸化炭素 CO_2 と水 H_2O にする反応のことをいいます。すなわち、酸化反応です。

一般に炭水化物は二酸化炭素や水より高エネルギーです。そのため、この反応によって反応エネルギーが発生し、私たち多くの生命体の命を養っているのです。

一方、植物は二酸化炭素と水を原料にして炭水化物を合成します。すなわち還元反応です。これを光合成といいます。低エネルギーの二酸化炭素や水を用いて高エネルギーの炭水化物を合成するにはエネルギーの補給が必要です。このエネルギーが太陽の光エネルギーなのです。

つまり私たち地球上の生命体の多くは、還元反応によって太陽光エネルギーを貯蔵し、酸化反応によってそれを放出することによって生命活動を行っているのです。

第 9 章　酸化・還元

図1　漂白では酸化して分解する

$$KClO \longrightarrow KCl + O$$
次亜塩素酸カリウム　　　　塩化カリウム

$$O + 2e^- \xrightarrow{酸化反応} O^{2-}$$

汚れ物質 $\xrightarrow{酸化反応}$ 分解

$$(\ KClO + 2HCl \longrightarrow KCl + H_2O + Cl_2\ )$$
塩素ガス（猛毒）

図2　代謝は酸化反応で光合成は還元反応

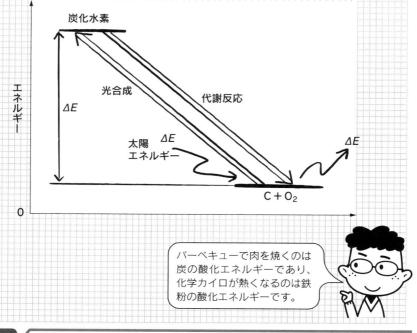

バーベキューで肉を焼くのは炭の酸化エネルギーであり、化学カイロが熱くなるのは鉄粉の酸化エネルギーです。

- ●漂白剤は汚れ物質を酸化・還元反応によって分解する。
- ●代謝は高エネルギー物質を酸化して低エネルギー物質にすること。
- ●光合成は低エネルギー物質を還元して高エネルギー物質にすること。

第10章
電気化学

化学電池はイオン化傾向の大きい金属が電子を放出し、それをイオン化傾向の小さい金属が受けとることによって電流を発生する装置です。電池に限らず、電気の本質は化学現象にあるのです。

10-1 化学反応と電気

化学反応は分子の変化を扱う学問です。電気は電線を電流が流れる現象です。両者にどのような関係があるのでしょうか？一方、電池の大部分は化学電池といわれます。実は、電気は化学現象なのです。

1 電流と電子

電流は目に見えません。しかし確実に存在します。不思議といえば不思議ですが、実は不思議でも何でもありません。電流は実は、これまでに何回も見てきた電子の流れなのです。電子がAからBに移動した（流れた）とき、電流はBからAに流れた、と表現するのです。方向を逆にするのは電子の電荷がマイナスだからです（図1）。してみれば電流、電気現象が化学現象の一種だということが理解できるのではないでしょうか？

電流といえば伝導度です、伝導度の高いものは金属です。なぜ金属は伝導度が高いのでしょうか？それは先に見た金属結合のせいです。金属結合では、金属原子の束縛から離れた自由電子が存在します。これが移動することによって電流となるのです。

2 超伝導

伝導度は電流の流れやすさ、すなわち自由電子の移動のしやすさを表す尺度です。金属中では自由電子は金属イオンの間を擦り抜けるように移動します。金属イオンがジッとしていれば通りやすいのですが、動かれると困ります。金属イオンの運動（振動）は絶対温度に比例します。そのため、金属の伝導度は低温になるほど大きくなります（図2）。

つまり、電気抵抗は温度が低くなるほど小さくなります。そして臨界温度 T_c 以下の極低温（絶対温度数K（ケルビン））では0になります。これが超伝導状態です。

超伝導状態ではコイルに大電流を流しても発熱しません。そのため、超強力な電磁石を作ることができます。これが超伝導磁石です。超伝導磁石はリニア新幹線で車体を磁石の反発力で浮かせるために使われています。つまり、化学技術はこのようなところにも使われているのです。しかし、超伝導現象を起こすためには液体ヘリウムを用いた極低温が必要です。そのため、液体ヘリウムを用いない超伝導、高温超電導が模索されています。電気は化学なのです。

第10章 電気化学

図1 電流は電子の移動

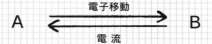

図2 金属の伝導度と温度

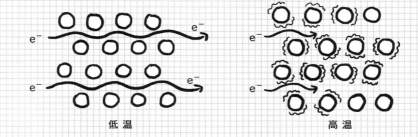

低温　　　　　高温

図3 超伝導状態

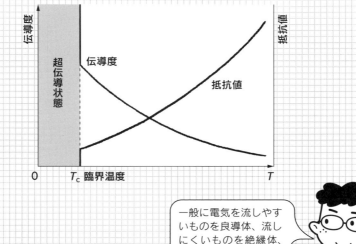

一般に電気を流しやすいものを良導体、流しにくいものを絶縁体、中間を半導体といいます。

- ●電流は電子の流れである。
- ●金属の伝導度は低温になるほど大きくなる。
- ●金属は極低温になると超伝導現象を示す。

129

10-2 金属の溶解

金属は酸性の水溶液に溶けます。そして溶けるときにイオン化して、電子を溶液中に放出するのです。この電子は電線を通じて外界に流れ出ます。これが電池の基本原理なのです。

1 金属の溶解

硫酸 H_2SO_4 の水溶液である希硫酸に金属亜鉛 Zn の板を入れます。すると発熱が起こり、亜鉛板の表面から泡が出るとともに、亜鉛板は徐々に溶けていきます。泡を集めて火を着けると、音を出して燃えることから、泡の気体は水素ガス H_2 であることがわかります。

これはどのような現象なのでしょうか？これは亜鉛が電子 e^- を放出して、亜鉛イオン Zn^{2+} となって希硫酸中に溶け出した（式1）ことによる現象なのです。希硫酸は酸ですから、溶液中には水素イオン H^+ が存在します（式2）。Zn から放出された e^- は H^+ と反応して水素原子 H となり（式3）、2原子が結合して水素分子 H_2 となって泡となった（式4）というわけです（図1）。

この一連の反応をまとめたものが式5です。つまり Zn と H^+ が反応して Zn^{2+} と H_2 になったという、あっけないほど簡単なものです。重要なことはこの反応で Zn が電子を失って Zn^{2+} になった、すなわち酸化されたということです。一方、H^+ は電子を受け取って還元されています。つまり、金属の溶解は酸化・還元反応の一種なのです。

2 溶解のエネルギー

それでは、この現象に伴う発熱はなぜ起こったのでしょうか？これまた驚くほど簡単なものです。発熱が起こったということはこの反応が発熱反応だということであり、それは生成系が出発系より低エネルギーだということです。

この反応を表す反応式は式5です。そこで出発系というのは（$Zn + 2H^+$）です。そして生成系は（$Zn^{2+} + H_2$）です。この両系のエネルギー差 ΔE が熱として放出されたのです（図2）。細かいことをいえば、先に見たように、Zn の結晶破壊エネルギー、Zn のイオン化エネルギー、Zn^{2+}、H^+ の溶媒和エネルギーなどがあります。それらを全て含めてザックリいえば、反応式5の両辺のエネルギー差なのです。

第10章　電気化学

図1　金属亜鉛の溶解

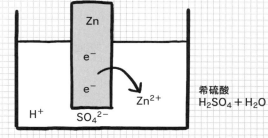

Zn ⟶ Zn²⁺ + 2e⁻	(1)	Znが酸化された
H₂SO₄ ⟶ 2H⁺ + SO₄²⁻	(2)	
H⁺ + e⁻ ⟶ H	(3)	H⁺が還元された
2H ⟶ H₂	(4)	
Zn + 2H⁺ ⟶ Zn²⁺ + H₂	(5)	

図2　溶解のエネルギー

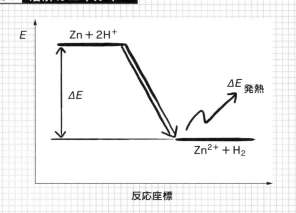

(Zn+2H⁺)という出発系と(Zn²⁺+H₂)という生成系よりの間のエネルギー差 ΔE が電池の電力になったのです。

● Zn は H₂SO₄ 水溶液に溶けて発熱し、H₂ガスを出す。
● これは Zn が Zn²⁺ となり、放出された e⁻ を H⁺ が受け取ったせいである。
● 発熱は出発系が生成系より高エネルギーだったことによる。

10-3 イオン化傾向

金属は電子を放出して陽イオンになる性質があります。しかし、その性質は金属によって強弱があります。陽イオンになる傾向を表す指標をイオン化傾向といいます。

1 金属の溶解と析出

青い硫酸銅 $CuSO_4$ の水溶液に亜鉛板 Zn を入れます。すると亜鉛は発熱して溶け出しますが泡は出ません。その代わり、亜鉛板の表面が赤くなってきます。そして時間とともに硫酸銅水溶液の青い色が薄くなっていきます。

何が起こったのでしょう？Zn が溶けたということは、Zn が電子 e^- を放出して Zn^{2+} になったことを意味します。しかし泡は出ないので、Zn が放出した e^- を H^+ が受け取ったわけではないことがわかります。第一、硫酸銅は酸ではないので、その水溶液中にはそんなに多量の H^+ は存在しません。

それでは何が e^- を受け取ったのでしょう？硫酸銅水溶液中には銅イオン Cu^{2+} が存在します。溶液の青色はこのイオンの色なのです。つまり、Cu^{2+} が e^- を受け取り、その結果還元されて金属銅 Cu になったのです。そのため、水溶液の青色がうすくなったのです。また亜鉛についた赤色は金属銅の色だったのです（図1）。

2 イオン化傾向

上の反応では Zn はイオン化されて Zn^{2+} になりました。しかし Cu^{2+} は還元されて Cu になりました。これで Zn と Cu を比べると、Zn の方がイオンになる性質、傾向が強いことがわかります。イオンになる性質をイオン化傾向といいます。

このような実験をいろいろな金属板と、金属硫酸塩を用いて行うと、金属の間のイオン化傾向の大小を知ることができます。図2のように、金属をイオン化傾向の順に並べた物をイオン化列といいます。左側にある物ほどイオン化しやすいことを表します。溶けにくい金属である金 Au のイオン化傾向が最低になっています。水素 H は金属ではありませんが、標準として入れてあります。

イオン化傾向は溶液の濃度によって変化するので、イオン化列は絶対のものではありませんが、有用であることは確かです。

第10章 電気化学

図1 金属の溶解と析出

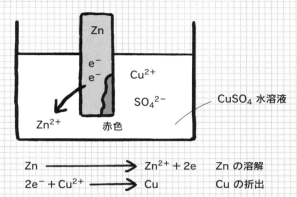

Zn ⟶ Zn²⁺ + 2e　　Zn の溶解
2e⁻ + Cu²⁺ ⟶ Cu　　Cu の析出

図2 イオン化列

K	Ca	Na	Mg	Al	Zn	Fe	Ni	Sn	Pb	H	Cu	Hg	Ag	Pt	Au
カソウ	カ	ナ	マ	ア	ア	テ	ニ	スル	ナ	ヒ	ド	ス	ギル	シャッ	キン

大 ←――――――――――――――――――→ 小

イオン化列を覚えるには昔から学生の間で使われた符ちょうがあります。それは上にカタカナで書いたものです。つまり貸そうかな？まあ当てにするな。（おまえの）借金はヒドスギル、というものです。

ポイント
- 金属が陽イオンになる性質をイオン化傾向という。
- 金属をイオン化傾向の順に並べたものをイオン化列という。
- イオン化傾向は濃度で変化するので、イオン化列は絶対ではない。

133

10-4 ボルタ電池

世界で初めて電池を作ったのはイタリアの物理者 A. ボルタです。1800年に発明したもので、彼の名前を取ってボルタ電池と呼ばれます。実用性は低いですが、非常に原理的な電池です。

1 ボルタ電池の構造と反応

ボルタ電池の構造は単純です。硫酸 H_2SO_4 水溶液に亜鉛 Zn と銅 Cu の板を入れ、両者を導線で結んだものです。反応が始まると Zn が溶けだし、同時に Cu から水素の泡が発生します。導線の途中にモータを接続すればモータは回り出します。

ボルタ電池で起こった化学反応は次のようなものです。

① Zn が e^- を放出して Zn^{2+} として溶け出す（反応式1）
② Zn 板に残った e^- は導線を通って Cu に移動する
③ Cu に達した e^- は溶液中の H^+ に移動する
④ H^+ は e^- を受け取って H となり、H_2 となる（反応式2）
⑤ 反応式1と2を合体すると反応式3となる

以上がボルタ電池の反応と原理です。

先に見たように電流は電子の流れです。つまり、上の反応の②にあるように、電子が Zn から Cu に移動したのがまさしく電流なのです。しかし、電流の定義によって電流は Cu から Zn に流れたものと表現されます。この時、e^- を発生した Zn を負極、e^- を受け取った Cu を正極といいます。

2 ボルタ電池の応用

ボルタ電池の原理は、H^+ を含む酸性水溶液に2種類の金属を挿入したものです。大切なのは2種類の金属は互いにイオン化傾向が異なっていることです。そうすると、イオン化傾向の大きい方がイオン化し、その結果生じた電子がイオン化傾向の小さい金属に移動して電流となるのです。二種の金属はイオン化傾向の違いの大きいものが有利です。

H^+ を含む溶液はレモンの果汁でも OK です。二種類の金属は、身の回りにあるものならアルミニウム箔 Al と銅の針金で OK です。つまり、レモンにアルミ箔を巻いたものと銅針金を挿して、両者を導線で結べば電池が完成です。小型モータだったら回るでしょう。夏休みの子供実験室でよくやるデモンストレーションです。

第10章　電気化学

図1　ボルタ電池の反応

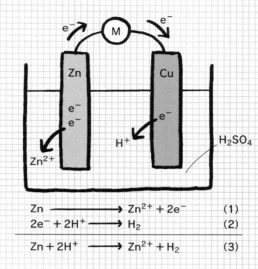

$$Zn \longrightarrow Zn^{2+} + 2e^- \quad (1)$$
$$2e^- + 2H^+ \longrightarrow H_2 \quad (2)$$
$$\overline{\phantom{Zn + 2H^+ \longrightarrow Zn^{2+} + H_2}}$$
$$Zn + 2H^+ \longrightarrow Zn^{2+} + H_2 \quad (3)$$

図2　レモンで動くモータ

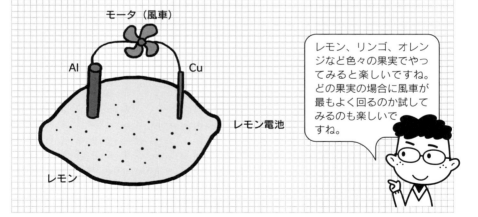

レモン、リンゴ、オレンジなど色々の果実でやってみると楽しいですね。どの果実の場合に風車が最もよく回るのか試してみるのも楽しいですね。

- ●ボルタ電池は希硫酸、亜鉛板、銅板からできている。
- ●亜鉛が電子を出し、それが銅板に移動することで電流が起こる。
- ●レモン、アルミ箔、銅針金などでも電池はできる。

135

10-5 水素燃料電池と太陽電池

クリーンエネルギーの水素燃料電池、再生可能エネルギーの太陽電池。最近、新しいタイプの電池が注目を集めています。これらの電池はどのようにして発電するのでしょうか？

1 水素燃料電池

水素燃料電池は水素 H_2 の燃焼エネルギーを電気エネルギーに換える装置です。その模式的な構造図は図1のとおりです。電極は両方とも白金製です。

負極に水素ガスを送ると電極表面で水素がイオン化して H^+ と e^- になります。H^+ は溶液中を通って正極に移動します。一方、e^- は外部の導線を通って正極に移動します。これが電流です。

正極では酸素ガスが待っているので、電極表面で水素と酸素が反応して水になります。つまり、廃棄物は水だけなので、クリーンエネルギーといわれるのです。

しかし水素ガスは自然界には存在しません。水素ガスを得るには水を電気分解しなければなりません。そのための電力（エネルギー）は他の発電で賄わなければならないのです。つまり、水素燃料電池はエネルギーを創出するわけではないのです。

2 太陽電池

図2は太陽電池の模式図です。透明電極（負極）、n型半導体、p型半導体、金属電極（正極）を重ねた（接合）だけです。ガラス板のようなものです。

透明電極と極薄のn型半導体を通過した光はpn接合面に達します。すると太陽光の光エネルギーによって接合面で電子 e^- が発生します。e^- はn型半導体を通って負極に達します。ここから外部回路（導線）を通って正極に達し、p型半導体層を通って元に戻ります。これが電流になるのです。

p型半導体、n型半導体はシリコン（ケイ素）Siにそれぞれホウ素B、リンpを少量混ぜることによって作ります。

太陽電池は可動部分がないので原理的に故障はありません。手入れも不要です。そのため、海上のブイなど、人の近づきにくい所でも設置可能です。また、屋根に設置して地産地消型のエネルギーとして使うことも可能です。最近では有機化合物で作った有機太陽電池も実用化されています。

第10章　電気化学

図1　水素燃料電池のしくみ

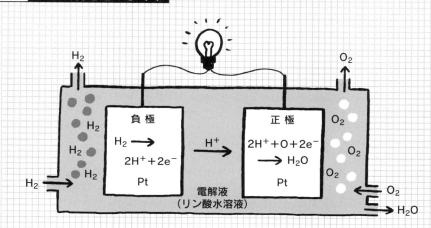

図2　太陽電池の模式図

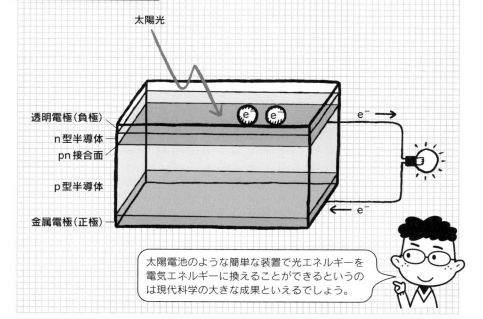

> 太陽電池のような簡単な装置で光エネルギーを電気エネルギーに換えることができるというのは現代科学の大きな成果といえるでしょう。

- ●水素燃料電池は水素の燃焼エネルギーを電力に変えるものである。
- ●太陽電池は太陽光エネルギーを電力に換えるものである。
- ●太陽電池はメンテナンスフリーの地産地消エネルギーである。

137

10-6 電気分解と電気めっき

電気が日常、研究、産業、各分野で大きな働きをしていることはいうまでもありません。それらを化学的に見た場合、化学的に特徴のある働きとして電気分解と電気めっきがあります。

1 電気分解

電気分解はイオン結合できた分子 AB を、電気エネルギーで A と B に分解する反応です。

代表的な例は、塩化ナトリウム NaCl の電気分解です。NaCl は Na^+ と Cl^- からできたイオン化合物であり、その融点は800℃程度です。これを加熱して融かして液体にし、そこにプラス、マイナスの両電極を挿入して直流電流を流します。

するとプラス電極（陽極）にはマイナス電荷を持った Cl^- が引き寄せられ、マイナス電極（陰極）にはプラス電荷を持った Na^+ が引き寄せられます。この結果、プラス電極からは塩素ガス Cl_2 が発生し、マイナス電極周辺にはナトリウム金属 Na が析出することになります（図1）。

2 電気めっき

めっきというのは、物体の表面に薄い金属の被膜を着けることです。このような技術は電気のない時代にも何種類かあります。電気めっきとはそのような技術の一つなのです。

図2は電気めっきの模式図です。先に見た電解質溶液に陰、陽両電極をセットします。そして陰極にめっきされる物体（銅像）、めっきしたい金属（金）を陽極につなぎます。

この状態で両電極から直流電流を流すと、陽極からはプラス電荷を受け取った金イオン Au^+ が発生します。これは電流の流れに沿ってマイナス電荷を持った陰極に集まり、そこにあった銅像に付着します。これがめっきの原理なのです。

この操作が成功するためには、金 Au が溶液中に溶け出していることが必要です。しかし、金は何物にも溶けないことで有名です。ところが金は猛毒の青酸カリウム KCN 水溶液にはよく溶けるのです。ということで、青酸カリウムと同等の毒性と機能を持つ青酸ナトリウム NaCN は、日本だけで毎年3万トン！も生産されているのです。

第10章　電気化学

図1　塩化ナトリウム（NaCl）の電気分解

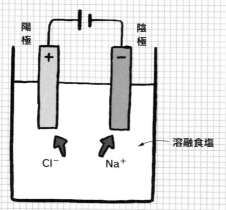

陽極：$2Cl^- \longrightarrow Cl_2 + 2e^-$
陰極：$2Na^+ + 2e^- \longrightarrow 2Na$

図2　電気めっきの模式図

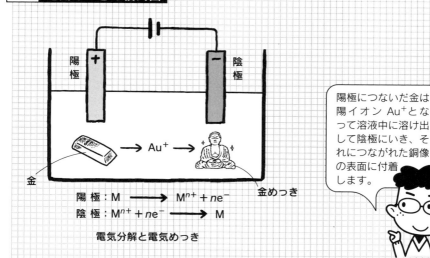

陽極：$M \longrightarrow M^{n+} + ne^-$
陰極：$M^{n+} + ne^- \longrightarrow M$

電気分解と電気めっき

陽極につないだ金は陽イオン Au^+ となって溶液中に溶け出して陰極にいき、それにつながれた銅像の表面に付着します。

- 電気分解はイオン性の化合物を電力によって分解する技術である。
- 電気めっきは金属表面に他の金属の被膜を電気エネルギーによって付着する技術である。

〔参考文献〕

アトキンス物理化学（上）第6版　P.W.Atkins著、千原秀昭、中村亘男訳　東京化学同人（2001）
絶対わかる物理化学　齋藤勝裕　講談社　（2003）
絶対わかる化学熱力学　齋藤勝裕・浜井三洋　講談社　（2008）
わかる反応速度論　齋藤勝裕　三共出版　（2013）

【著者紹介】

齋藤　勝裕（さいとう　かつひろ）
1945年生まれ。1974年東北大学大学院理学研究科化学専攻博士課程修了。
現在は愛知学院大学客員教授、中京大学非常勤講師、名古屋工業大学名誉教授などを兼務。
理学博士。専門分野は有機化学、物理化学、光化学、超分子化学。
著書は「絶対わかる化学シリーズ」全18冊(講談社)、
「わかる化学シリーズ」全14冊(オーム社)、『レアメタルのふしぎ』『マンガでわかる有機化学』『マンガでわかる元素118』(以上、SBクリエイティブ)、
『生きて動いている「化学」がわかる』『元素がわかると化学がわかる』(ベレ出版)、
『すごい！iPS細胞』（日本実業出版社）など多数。

数学フリーの「物理化学」　　　　　　　　　NDC 431
2016年9月23日　初版1刷発行　　　定価はカバーに表示してあります

　　　　　Ⓒ　著　者　　齋藤　勝裕
　　　　　　　発行者　　井水　治博
　　　　　　　発行所　　日刊工業新聞社
　　　　　　　　　　　　〒 103-8548
　　　　　　　　　　　　東京都中央区日本橋小網町 14-1
　　　　　　　電　話　　書籍編集部　03（5644）7490
　　　　　　　　　　　　販売・管理部　03（5644）7410
　　　　　　　ＦＡＸ　　03（5644）7400
　　　　　　　振替口座　00190-2-186076
　　　　　　　ＵＲＬ　　http://pub.nikkan.co.jp/
　　　　　　　e-mail　　info@media.nikkan.co.jp
　　　　　　　印刷・製本　美研プリンティング㈱

落丁・乱丁本はお取り替えいたします。　　　2016 Printied in Japan
ISBN978-4-526-07600-8　C3043

本書の無断複写は、著作権法上での例外を除き、禁じられています。